中长视频

内容创作、拍摄剪辑与运营一本通

彭浩◎编著

化学工业出版社

·北京·

内 容 简 介

本书主要介绍中、长视频内容创作与运营的实战技巧，帮助读者用视频来涨粉和变现，本书分为两大模块进行专业讲解。

一是内容创作篇，主要介绍内容定位、选题策划、拍摄技巧、剪辑方法、发布视频等内容，帮助读者学会创作优质的视频，吸引更多人关注！

二是平台运营篇，主要介绍了西瓜视频、B站视频、抖音视频、视频号、商业变现等内容，来教大家如何运营中、长视频的主流平台，获得更多收益！

本书特别适合以下三类人：一是运营新手，帮助他们快速入门中、长视频的创作和运营；二是适合中、长视频运营者，帮助他们掌握中、长视频的核心创作和运营技巧；三是适合短视频和图文运营者，帮助他们快速转变思维，增加转战中视频的胜率。

图书在版编目（CIP）数据

中长视频内容创作、拍摄剪辑与运营一本通 / 彭浩编著 .—北京：化学工业出版社，2022.12
ISBN 978-7-122-42279-8

Ⅰ.①中… Ⅱ.①彭… Ⅲ.①视频编辑软件②网络营销 Ⅳ.① TP317.53 ② F713.365.2

中国版本图书馆 CIP 数据核字（2022）第 181395 号

责任编辑：王婷婷　李　辰　　　　　　　　封面设计：异一设计
责任校对：杜杏然　　　　　　　　　　　　装帧设计：盟诺文化

出版发行：化学工业出版社　（北京市东城区青年湖南街 13 号　邮政编码 100011）
印　　装：北京瑞禾彩色印刷有限公司
710mm×1000mm　1/16　印张12³/₄　字数302千字　2023年1月北京第1版第1次印刷

购书咨询：010-64518888　　　　　　　　　售后服务：010-64518899
网　　址：http://www.cip.com.cn
凡购买本书，如有缺损质量问题，本社销售中心负责调换。

定　　价：78.00 元　　　　　　　　　　　　　版权所有　违者必究

前　言

　　笔者从事新媒体运营和中视频研究多年，深谙视频运营、吸粉、变现之道。如今正值中视频发展火爆的风口，很多人跃跃欲试，想要通过这个新兴的视频形式获得红利。但是，在这场刚打响的中视频战争中，有人摇身一变成为千万级大IP，有人成了带货达人，有人寥寥几万粉丝，无法变现……

　　经过深思熟虑之后，笔者决定将自己的经验和研究总结成一本书，为那些想要从事中视频运营的朋友提供参考意见。

一、内容创作篇

　　内容创作是中、长视频运营的基石，内容的类型和质量甚至可以决定一个账号的生死。

　　（1）内容定位：运营者可根据自己的喜好定位内容领域。常见的热门内容领域有游戏区内容、音乐区内容、娱乐区内容、动画区内容、影视区内容、数码区内容、知识区内容、国创区内容。同时，运营者也可以进行身份认证，彰显自己的特殊性。

　　（2）选题策划：对运营者来说，粉丝数量关系到自身的发展。也就是说，如果运营者打造的是爆款中视频，肯定能获得大量粉丝。在这一章中，笔者将通过标题策划、封面策划和内容策划等方法打造爆款中、长视频。

　　（3）拍摄技巧：拍摄中、长视频前需要做足准备，比如准备拍摄设备、镜头、稳定器等。当拍摄中视频时，运营者要牢记5大原则，学会利用光线、距离、角度等，拍摄出绝佳的中、长视频作品。

　　（4）剪辑方法：专业的视频剪辑需要专业的软件和专门的技能，如果是简单的剪辑操作，用智能手机就能完成。在这一章中笔者以剪映为例，为运营者介绍诸多实用的剪辑技巧。

　　（5）发布视频：本章以西瓜创作平台为例，为广大运营者介绍视频发布的准备工作、视频发布渠道和视频发布设置等内容。

二、平台运营篇

平台运营是决定中、长视频能否获得利益、实现价值的重要因素，同时也是最难以把握的。运营者应该明白，平台运营能直接决定中、长视频的发展道路。

（1）西瓜视频：西瓜视频的前身是头条视频，它现在的slogan（标语）是"点亮对生活的好奇心"。2020年10月20日，西瓜视频在海南三亚召开西瓜PLAY好奇心大会，目的在于开拓一条新"赛道"——中视频。在本章中，笔者将介绍短视频和中视频的区别、中视频的发展和西瓜视频数据分析技巧。

（2）B站（哔哩哔哩）：早在西瓜视频老总提出中视频概念之前，B站就已经在中视频领域深耕了多年。这一章将围绕B站投稿管理方法、投稿规范、视频数据分析和用户画像分析来介绍B站的基本情况。

（3）抖音：抖音最初只能发布时长少于或等于15秒的短视频，如今它已放宽视频时长限制，向中视频敞开了怀抱。

（4）视频号：在西瓜视频、B站、抖音和视频号中，只有视频号入局最晚，但并不妨碍它更快地成长，它在内测期间就开放了视频时长限制，全面拥抱中、长视频。

（5）商业变现：我们可以这么理解，运营者前面对中视频进行千辛万苦地运营，最终是为了变现，获得一定的收入。在这一部分，笔者通过具体的案例，为大家解析各种常用的中视频变现技巧。

注意，在编写本书时，笔者是基于当前各平台和软件截取的实际操作图片，但本书从编辑到出版需要一段时间，在这段时间里，软件界面与功能会有调整与变化，比如删除了某些内容，增加了某些内容，这是软件开发商做的更新，请大家在阅读时，根据书中的思路，举一反三，进行学习。

本书由彭浩编著，参与编写的人员还有严不语等，在此表示感谢。

彭　浩

目　录

【内容创作篇】

【内容创作篇】

第1章

内容定位：让作品赢在起跑线上

在视频平台上，不同领域的运营者精通某领域的中、长视频。而在此之前，运营者需要先了解视频平台的特色内容与认证服务。本章主要针对这两点进行介绍，让运营者轻松掌握中、长视频的运营技巧。

1.1 热门中、长视频，10大特色内容

就近段时间来看，目前最热门的中、长视频平台莫过于西瓜视频和B站。当然，抖音和快手等平台也有中视频。本节将以B站为例，具体介绍中、长视频平台的特色内容。在B站上，按照内容分为很多个区，每个区对应一种视频类型，并且都有不同的创作规则，这是UP主必须了解的。

1.1.1 游戏区内容，丰富又多彩

游戏区支持投稿的内容有单机游戏视频、网络游戏视频、电子竞技视频、手机游戏视频、桌游棋牌视频、MUGEN游戏视频（MUGEN是一款由美国的Elecbyte小组使用C语言与Allegro程序库开发的免费的2D格斗游戏引擎）、GMV视频（由游戏素材制作的MV视频）等。

此外，运营者还需要了解游戏区的相关要求，具体内容如下。

① 禁止出现利用外挂或漏洞进行游戏的内容。

② 禁止公布游戏外挂、漏洞和修改教程。

③ 禁止出现网游私服宣传信息。

④ 禁止在他人的 GMV 视频上进行第 3 次剪辑。

⑤ 禁止投稿 18 禁游戏内容。

运营者打开游戏区即可看到，B站根据投稿内容将游戏区细分成了推荐、单机游戏、电子竞技、手机游戏、网络游戏、桌游棋牌、GMV、音游、MUGEN等栏目，如图1-1所示。

图 1-1　游戏区

1.1.2 音乐区内容，可分集上传

在B站上传音乐专辑类视频可以"分P"上传。"分P"这个词应该是B站生造的。简单来说，它指的是音乐专辑类视频支持分集上传，如图1-2所示。此

外，西瓜视频也有类似"分P"的功能——合集。

图 1-2　"分 P"上传的音乐视频

音乐区可以分为推荐、原创音乐、翻唱、电音、VOCALOID·UTAU（以VOCALOID和UTAU引擎为基础，以各类音源为素材进行音乐歌曲类创作的视频）、演奏、MV、音乐现场、音乐综合等栏目，如图1-3所示。

图 1-3　音乐区

1.1.3 娱乐区内容，三次元娱乐

娱乐区可以分为推荐、综艺、明星3个栏目，运营者可在此分区内上传与综艺娱乐和明星相关的资讯视频，如图1-4所示。

运营者在该分区投稿时，如果稿件内容属于综艺类型，那么需要在标题中注明节目名称；如果运营者投稿的内容属于明星动态，那么需要在标题中注明明星的名字。

1.1.4 动画区内容，二次创作视频

B站将动画区分为推荐、MAD・AMV（具有一定制作程度的动画二次创作）、MMD・3D（使用Miku Miku Dance等软件制作的视频）、短片・手书・配音、手办・模玩、特摄（对特摄片进行二次创作的视频）、综合等栏目，如图1-5所示。

图 1-4 娱乐区

图 1-5 动画区

1.1.5 影视区内容，严禁盗版资源

影视区可以分为推荐、影视杂谈（对影视剧导演、演员、剧情、票房等方面进行解读和分析，包括但不限于影视评论、影视解说、影视吐槽、影视科普、影

视配音等）、影视剪辑（基于影视剧素材
进行二次创造）、短片（具有一定故事的短
片或微电影）、预告·资讯（与影视剧预告
片相关的视频）等栏目，如图1-6所示。

　　如果运营者想要在影视区投稿，就要先
了解一下影视区的投稿要求。

　　① 封面图片不能出现强烈性暗示的身
体特写或血腥恐怖画面。

　　② 不得使用低俗和过于夸大的视频
标题。

图 1-6　影视分区

　　③ 不得恶意使用与视频内容无关的标
题或封面，或者利用过于容易令人引起不适，以及存在严重误导或诱导式图文作
为封面和标题。

　　④ 如果运营者的视频是搬运视频，必须注明原作者和转载地址。

　　⑤ 禁止在影视区倒卖盗版视频资源。

1.1.6　舞蹈区内容，以舞蹈为主

　　舞蹈区主要发布与舞蹈相关的内容，包括练习室、舞蹈MV、翻跳、即兴、
杂谈等。它主要分为推荐、宅舞、街舞、明星舞蹈、中国舞、舞蹈综合、舞蹈教
程等栏目，如图1-7所示。

　　运营者在舞蹈区投稿时，需要注意以下问题。

　　① B站官方建议视频标题采用
"【作者】曲名/编曲名"的格式。

　　② 视频中不能出现露内裤等低俗
内容。

　　③ live录制内容一律分类为转载，
有运营者自己参与的例外。

　　④ 自制稿件建议在简介中给出舞者
名、社团名、曲目名等信息。

　　⑤ 转载的舞蹈稿件需要注明原作者
和地址。

　　⑥ 二次创作的舞蹈内容，B站官方
建议运营者贴出原作者链接。

图 1-7　舞蹈区

1.1.7 生活区内容，给出转载信息

生活区主要可以分为推荐、搞笑、日常、手工、绘画、运动、汽车和其他等栏目，如图1-8所示。

运营者在生活区投稿绘画内容需要注意以下问题。

① 运营者投稿的绘画类型可以包括原创、同人、二次创作等。同时，B站官方也允许运营者搬运和转载。

② 如果运营者所上传的绘画作品是临摹作品，那么运营者需要在标题上注明"临摹"。

图1-8 生活区

③ 严禁运营者将盗图标明自制。

④ 本区不接受非绘图类作品（如摄影作品、游戏视频等）。

⑤ 二次创作的绘画作品B站官方建议标明原作者和出处。

1.1.8 数码区内容，栏目分类细致

图1-9 数码区

数码区发布的内容主要以数码产品为主，分为推荐、手机平板、电脑装机、摄影摄像、影音智能等栏目，如图1-9所示。

如果运营者想要在中、长视频平台的数码区进行创作投稿，需要注意以下问题。

① 资金充裕：在数码大厂推出新产品之际，能够上手体验，甚至某些厂商推出概念产品时，也有拿货渠道。

② 思维清奇：在拍摄和制作产品上手体验视频时，运营者能想出一些有创意的点子，并能将它融合进中、长视频中。

③ "人设"很重要：在立好"人设"后，运营者还可以结合"人设"说一句口头禅。

1.1.9 知识区内容，以人文科学为主

知识区是B站新增的一个区，它主要分为推荐、科学科普、社科人文、财

经、校园学习、职业职场、野生技术协会（技术展示或技能教学视频）等栏目，该区视频内容都与知识相关，如图1-10所示。

图 1-10　知识区

1.1.10　国创区内容，国产原创动漫

国创区主要分为推荐、国产动画、国产原创相关（包含以国产动画、漫画、小说为素材的相关二次创作内容）、动态漫·广播剧（包含国产动态漫画、有声漫画、广播剧）、布袋戏和资讯（包含国产动画和漫画资讯、采访、现场活动的视频）等栏目，如图1-11所示。

根据B站官方贴出的内容，国创区投稿要求如下。

① 封面不能涉及成人向（面向成人群体的内容，其中内容可能包含血腥和暴力等元素）素材，二次创作作品简介请注明BGM和使用素材。

图 1-11　国创区

② 练习作品和没有完整剧情的毕业作品，都不属于国创分区内容，请根据内容投至其他分区。

1.2 官方认证服务，彰显特殊身份

如果是获得官方认证（也就是加V）的账号，不仅能彰显出身份的特殊性，其权重比未认证的账号要高，获得官方推荐的可能性也越大。B站和西瓜视频等中、长视频平台的官方认证总共分为两大类，具体细分如表1-1所示。由于B站与西瓜视频官方认证服务大体接近，下面主要以B站认证服务为例进行具体讲解。

表 1-1 官方认证分类

微信	认证分类	分类说明
个人认证	知名UP主认证	bilibili知名UP主
	身份认证	社会身份及职业
机构认证	政府认证	政府官方账号
	企业认证	企业官方认证
	媒体认证	传统媒体及新媒体官方账号
	组织认证	校园、公益组织、社会团体等官方账号

1.2.1 知名UP主认证，bilibili知名UP主

于B站用户而言，其知名UP主认证步骤很简单，只要UP主账号符合条件，审核时间也很短。

步骤 01 UP主打开B站客户端，进入"我的"界面，依次点击"设置"|"账号资料"按钮，进入"账号资料"界面，点击"哔哩哔哩认证"选项，如图1-12所示。

步骤 02 执行操作后，跳转至"哔哩哔哩认证"界面，点击"个人认证"栏目下的"知名UP主认证"卡片，如图1-13所示。

步骤 03 跳转至申请认证界面，当UP主账号满足"粉丝数累计≥10万""相关投稿数≥1""转正会员""绑定手机用户""提交实名认证"5个条件时，即可提交资质，申请认证。如图1-14所示为不满足"粉丝数累计≥10万"的B站账号。

步骤 04 通过审核后，知名UP主认证信息会显示在个人空间里，如图1-15所示。

图 1-12　"账号资料"界面

图 1-13　"哔哩哔哩认证"界面

图 1-14　无法申请认证的账号

图 1-15　知名 UP 主认证信息

1.2.2　身份认证，社会身份及职业

　　知名UP主认证针对的主要是已经拥有大量B站粉丝的UP主，但如果新人UP主是从其他平台转过来的，那么该UP主肯定不符合"粉丝数累计≥10万"这个条件。在这种情况下，新人UP主可以选择身份认证，下面介绍身份认证步骤。

　　步骤 01 打开B站手机客户端，进入"我的"界面。在该界面依次点击"设

置"|"账号资料"|"哔哩哔哩认证"选项，进入"哔哩哔哩认证"界面。

步骤 02 在"哔哩哔哩认证"界面，点击"个人认证"栏目下的"身份认证"卡片，如图1-16所示。

步骤 03 执行操作后，跳转至申请认证界面。若UP主满足"站外粉丝≥50万""转正会员""绑定手机用户""提交实名认证"4个条件，即可点击下方的"申请"按钮，如图1-17所示。

图 1-16 "哔哩哔哩认证"界面

图 1-17 申请认证界面

步骤 04 跳转至资料填写界面，按照B站官方要求如实填写信息，点击下方的"提交申请"按钮，耐心等待审核通知即可，如图1-18所示。

图 1-18 资料填写界面

1.2.3 专栏领域认证，优质专栏UP主

优质专栏UP主的认证条件更为宽松，下面演示具体的认证步骤。

步骤 01 打开B站手机客户端，进入"我的"界面。在该界面依次点击"设

置"|"账号资料"|"哔哩哔哩认证"选项，进入"哔哩哔哩认证"界面。

步骤 02 在"哔哩哔哩认证"界面，点击"个人认证"栏目下的"专栏领域认证"卡片，如图1-19所示。

步骤 03 执行操作后，跳转至"bilibili专栏·优质UP主认证"界面，点击下方的"立即申请"按钮，如图1-20所示。

图 1-19 "哔哩哔哩认证"界面

图 1-20 点击"立即申请"按钮

步骤 04 跳转至资料填写界面，按照B站官方要求如实填写信息，点击下方的"提交信息"按钮，耐心等待审核通知即可，如图1-21所示。

步骤 05 通过审核后，优质UP主认证信息会显示在个人空间，如图1-22所示。

图 1-21 点击"提交信息"按钮

图 1-22 优质 UP 主认证信息

1.2.4 企业认证，企业官方账号

企业认证步骤简单，但需要准备身份证、营业执照、授权确认函等相关资料。

步骤 01 打开B站手机客户端，进入"我的"界面。在该界面依次点击"设置"|"账号资料"|"哔哩哔哩认证"选项，进入"哔哩哔哩认证"界面。

步骤 02 在"哔哩哔哩认证"界面，点击"机构认证"栏目下的"企业认证"卡片，如图1-23所示。

步骤 03 跳转至资料填写界面，按照B站官方要求如实填写并提交信息，耐心等待审核通知即可，如图1-24所示。

步骤 04 通过官方审核后，企业认证信息会显示在UP主的个人空间，如图1-25所示。

图 1-23　"哔哩哔哩认证"界面

图 1-24　资料填写界面

图 1-25　企业认证信息

1.2.5 媒体认证，媒体官方账号

媒体认证步骤简单，但也需要准备身份证、营业执照、授权确认函等相关资料。

步骤 01 打开B站手机客户端，进入"我的"界面。在该界面依次点击"设置"|"账号资料"|"哔哩哔哩认证"选项，进入"哔哩哔哩认证"界面。

步骤 02 在"哔哩哔哩认证"界面，点击"机构认证"栏目下的"媒体认证"卡片，如图1-26所示。

步骤 03 跳转至资料填写界面，按照B站官方要求如实填写并提交信息，耐心等待审核通知即可，如图1-27所示。

图 1-26 "哔哩哔哩认证"界面

图 1-27 资料填写界面

步骤 04 通过审核后，媒体认证信息会显示在个人空间，如图1-28所示。

图 1-28 媒体认证信息

1.2.6 政府认证，政府机构账号

政府认证除了需要准备相关资料，还需要提供政府全称、行政级别等信息。

步骤 01 打开B站手机客户端，进入"我的"界面。在该界面依次点击"设置"|"账号资料"|"哔哩哔哩认证"选项，进入"哔哩哔哩认证"界面。

步骤 02 在"哔哩哔哩认证"界面，点击"机构认证"栏目下的"政府认证"卡片，如图1-29所示。

步骤 03 跳转至资料填写界面，按照B站官方要求如实填写并提交信息，耐心等待审核通知即可，如图1-30所示。

图 1-29　"哔哩哔哩认证"界面

图 1-30　资料填写界面

步骤 04 通过审核后，政府认证信息会显示在个人空间里，如图1-31所示。

图 1-31　政府认证信息

1.2.7 组织认证，组织团体账号

组织认证除了需要准备相关资料，还需要提供组织名称等信息。

步骤01 打开B站手机客户端，进入"我的"界面。在该界面依次点击"设置"|"账号资料"|"哔哩哔哩认证"选项，进入"哔哩哔哩认证"界面。

步骤02 在"哔哩哔哩认证"界面中，点击"机构认证"栏目下的"组织认证"卡片，如图1-32所示。

步骤03 跳转至资料填写界面，按照B站官方要求如实填写并提交信息，耐心等待审核通知即可，如图1-33所示。

图1-32 "哔哩哔哩认证"界面

图1-33 资料填写界面

步骤04 通过审核后，组织认证信息会显示在个人空间，如图1-34所示。

图1-34 组织认证信息

第2章

选题策划：轻松获得百万播放量

运营者在确定好中、长视频的定位之后，就需要进行选题策划。而选题策划的重点主要分为3个部分，分别是视频标题策划、视频封面策划和视频内容策划。

本章将通过理论与案例相结合的方式，教大家做选题策划。

2.1　视频标题策划，4大创作要求

本节主要从视频标题创作要点、视频标题创作原则、利用词根增加曝光量、凸显视频主旨4个角度，策划中、长视频的标题。

2.1.1　视频标题，掌握创作要点

标题是中、长视频的重要组成部分，要做好视频文案，就要重点关注视频标题。视频标题创作必须要掌握一定的技巧和写作标准，只有熟练掌握撰写标题必备的要素进行，运营者才能更好更快地撰写出好标题。接下来主要介绍中、长视频标题制作的要点。

（1）不做"标题党"

标题是中视频内容的"窗户"，如果用户能从这扇"窗户"中了解视频的大致内容，就说明此视频标题是合格的。换句话说，就是视频标题要体现出其主题。

虽然视频标题的作用是吸引用户，但若用户被某一视频标题吸引，点击查看时却发现文不对题，用户对运营者的信任感就会大打折扣，导致视频点赞量和转发量都被拉低。因此，运营者在撰写中、长视频标题时，一定要切合主题。比如，在西瓜视频上，如果某运营者将账号定位在测评领域，那么他的视频标题应该永远紧扣测评主题，如图2-1所示。

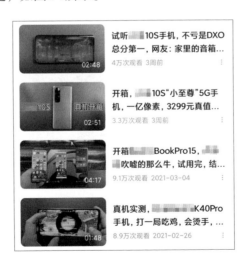

图 2-1　紧扣主题的中视频标题案例

（2）突出标题重点

一个视频标题的好坏直接决定了中、长视频点击量和完播率的高低，所以撰

写中视频标题时，运营者一定要注意突出重点，语言简洁明了，字数不要太多，最好能朗朗上口。这样才能让用户在短时间内就能明白运营者想要表达的意思，从而可以引导他们点击查看中视频。

运营者在撰写中视频标题时，切忌标题成分过于复杂。用户在看到简短的标题时，不仅视觉感受相对舒适，而且阅读起来也更方便。如图2-2所示为西瓜视频上某中视频的标题，虽然只有寥寥数字，但用户却能从中看出中视频的主要内容，这样的中视频标题就很好。

图 2-2　简短的标题示例

（3）善用吸睛词汇

标题在视频中起着十分巨大的作用，它揭示了视频的大意或主旨，甚至它还可以诠释故事背景，所以一条中视频数据的高低，与它的标题有着密不可分的关系。

中、长视频的标题要想吸引受众，运营者就必须使其有点睛之处。具体来说，运营者在撰写标题时，可以尝试加入一些能够吸引受众眼球的词汇，比如"惊现""福利""秘诀""震惊"等。这些"点睛"词汇，能够让用户在乍看之下产生好奇心，如图2-3所示。

图 2-3　利用"点睛"词汇的标题示例

2.1.2 快速了解，标题创作原则

评判中、长视频标题的好坏，不仅要看它是否有吸引力，还需要参照其他原则，比如换位原则、新颖原则和关键词组合原则。运营者遵循这些原则撰写视频标题，则中、长视频更容易上热门。

（1）换位原则

运营者在拟订中、长视频标题时，不能只从自己的角度思考视频中要表现的内容，更要从用户的角度去仔细揣摩。也就是说，运营者应该将自己当成用户，扪心自问："我会用什么搜索词搜索某问题的答案？"这样创作出来的中、长视频标题会更接近用户的心理。

因此，运营者在撰写中、长视频标题前，可以先在西瓜视频和B站等平台搜索关键词，然后筛选出排名靠前或播放量较大的中、长视频，再找出它们标题的写作规律，最后将这些规律灵活地运用于自己要撰写的视频标题中。

（2）新颖原则

运营者如果想要让自己的视频的标题形式变得新颖，可以采用多种方法，笔者在这里介绍几种比较实用的标题形式。

① 中、长视频标题的写作要尽量使用问句，这样比较能引起人们的好奇心，比如："谁来'拯救'缺失的牙齿？"这样的视频标题更容易吸引用户。

② 中、长视频的标题要尽量写得详细，这样才会有吸引力。

③ 运营者要尽量将利益写出来，无论是查看中、长视频后给用户带来的利益，还是中、长视频涉及的产品或服务带来的利益，都应该在标题中直接体现，从而增加标题对用户的吸引力。

（3）关键词组合原则

能获得高流量的视频标题，都拥有多个关键词，并且是多个关键字组合。这是因为只有单个关键词的视频标题，其排名影响力远不如拥有多个关键词的视频标题。

例如，如果仅在标题中嵌入"面膜"这个关键词，那么用户在搜索时，只有搜索到"面膜"这个关键词时，中、长视频才会被搜索出来；而标题上如果含有"面膜""变美""年轻"等多个关键词，则用户在搜索其中的任意关键词时，中、长视频都会被搜索出来，标题被检索的机会也就更多了。

2.1.3 利用词根，增加曝光量

前面内容中介绍撰写视频标题应该遵守的原则时，曾提及写标题要遵守关键词组合原则，这样才能让中、长视频凭借更多的关键词增加曝光率，让运营

者的中、长视频出现在更多用户的面前。下面笔者将给大家介绍如何在中、长视频标题中运用关键词。

运营者在撰写视频标题时，需要充分考虑怎样去吸引目标用户。如果运营者想要实现这一目标，就需要从关键词着手，需要在标题中运用关键词，并且考虑关键词是否含有词根。

词根指的是词语的基本组成部分，利用词根可以组成不同的词语。运营者在标题中加入有词根的关键词，可以将中、长视频的搜索度提高。例如，一个标题为"10分钟教你快速学会手机摄影"的中视频，这个标题中的"手机摄影"就是关键词，而"摄影"就是词根。

对运营者而言，他根据词根可以写出更多的与摄影相关的标题；而于用户而言，他们一般会根据词根去搜索视频，只要运营者发布的视频的标题中包含了该词根，那么中、长视频就更容易被用户搜索到。

2.1.4 凸显视频主旨，成就好标题

衡量标题好坏的方法有很多，其中主要的参考依据是标题是否体现了中、长视频的主旨。

如果用户看见标题的第一眼，就明白了它想要表达的内容，并由此得出该中、长视频具有点击查看的价值，那么他们很有可能继续查看这条中、长视频，并且有可能认真看完。那么，视频标题是否体现视频主旨到底有什么样的结果呢？下面进行具体分析，如图2-4所示。

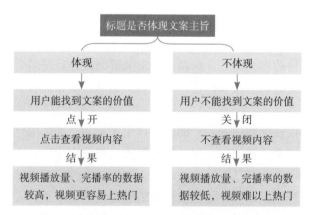

图 2-4 标题是否体现文案主旨将造成的结果分析

经过分析，大家可以直观地看出，中、长视频标题是否体现视频主旨会直接影响视频的营销效果。所以，运营者想要让自己的中、长视频上热门，那么在创作视频标题时，一定要多注意视频标题是否体现了主旨。

2.2　视频封面策划，3种创作方式

运营者在策划视频封面时，大致需要从3个方面做起，分别是图片选择标准、图片素材和封面视觉元素，下面将进行详细的分析。

2.2.1　精挑细选，遴选最佳封面

封面对中、长视频来说是至关重要的，许多用户会根据封面来决定要不要点击查看中、长视频的具体内容。因此，运营者在上传视频时，应该选择一张最佳的封面图片。

（1）根据视频内容选择封面

先列举一种极端的情况，如果视频封面与内容的关联性过弱，就有"封面党"嫌疑。在这种情况下，用户看完中、长视频之后，可能产生不满情绪或厌恶感。

其实，根据与内容关联性选择中、长视频封面的方法很简单，运营者只需根据中视频的主要内容选择能够代表主题的文字和画面即可。如图2-5所示为一个猫狗大战的视频封面。这个封面呈现了猫狗大战的场面，而且封面上还显示标题。这样一来，当用户看到封面之后，大致就能判断这条视频是要展示猫狗之间的大战了。

图 2-5　根据视频内容选择的封面图

（2）根据账号风格选择封面

一些账号在经过一段时间的运营后，在中、长视频封面的选择上可能已形成了一种风格，而用户也接受了这种风格，甚至部分用户喜爱这种视频封面风格。

因此，运营者在选择视频封面时，可以延续这种风格，根据账号风格选择视频的封面图片。

2.2.2 选择合适的素材，打造视觉大片

图片素材是指没有经过任何艺术的加工、零散且没有系统分类的图片。选择合适的图片素材是打造亮眼的视觉效果的基础。运营者只有将符合视频主题并且质量较高的图片素材加工成封面，才能真正地为整条视频增添色彩。本节主要介绍选择优质的图片素材及对图片素材进行艺术加工的相关知识。

（1）清晰度高

高清图片是获得平台用户良好第一印象的法宝，它体现了商品的价值，直接影响着用户的判断。如果视频封面不仅画质清晰，而且拍摄角度也比较合理，那么就能通过封面设计凸显中、长视频的品质了。反之，如果视频封面不仅背景随意，而且给用户一种平平无奇之感，那么肯定难以激发用户的好奇心，无法产生好的视觉效果。

此外，优质的视频封面除了拥有较高的清晰度，还应具备一个特点，那就是图片背景应该井然有序，不然会给用户造成一种品牌感不强的印象。

（2）光线好

随着物质生活水平的提高，人们对品质的要求与标准也在不断提升。因此，如何选择高品质的图片素材便成了运营者在进行封面设计时需要考虑的重点问题。一般而言，视觉光线较好的相较于光线昏暗的图片素材而言，更容易给用户带来视觉享受。

（3）角度合理

想要打造好的视觉效果，视频运营者在进行视觉设计时，要选择科学合理的图片素材，从而为视频封面增添亮点，提高视频的观赏性。下面以图解的形式，介绍选择视觉角度合理的图片素材作为视频封面的好处，如图2-6所示。

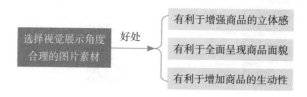

图2-6 选择视觉展示角度合理的图片素材的好处

比如，夏日来临，某运营者发布了自制冰镇饮料的视频，其视频封面图片如图2-7所示。仔细观察这张图片，不难发现，该图片的视觉展示角度有利于充分地展示饮料的面貌，让用户从图片中就能感觉自制饮料的冰爽感。

图 2-7　某视频的封面图片

★ 专家提醒 ★

　　选择视觉角度合理的图片素材是运营者进行封面设计、营造最佳视觉效果的前提条件，也是激发用户好奇心、引起用户关注最重要的因素。试想，如果用户无法从封面中寻找到视频的亮点与独特性，长此以往，也会大大降低用户对运营者的信任度与品牌认知度。

　　（4）设计富有创意

　　清晰度再高、视觉光线再充足、视觉展示角度再准确立体，如果所采用的图片素材千篇一律、缺乏创新，那么对用户的吸引力也是有限的。视频封面要保持长久的吸引力，运营者需要从以下两点做起。

　　① 在视觉设计上富有创意和亮点，让用户持续保持对自己作品的新鲜感。

　　② 独具匠心的视频封面能激发用户的好奇心理，给予用户最佳的视觉享受，从而增加对产品的好感度，扩大产品的影响。

　　（5）颜色绚丽

　　运营者想要让自己的视频封面能够吸引用户的眼球，其所选图片的颜色搭配要合适。运营者需要注意的是，图片的颜色搭配合适能够给用户一种顺眼和耐看的感觉。在设计中、长视频封面时，封面图片的颜色搭配要合适，运营者具体可从以下两个方面做起。

　　① 选择的图片素材颜色要绚丽夺目。

　　② 选择的图片素材颜色搭配要与视频内容相符合。

　　其中，选择颜色亮丽夺目的图片素材是吸引用户关注的主要因素，舒适美观的视觉配色有利于提高图片的亮点与辨识度。因此，在没有特殊的情况下，视频封面要尽量选择色彩明亮的，因为这样的图片能给运营者带来更多的点击量。下面以图解的形式，介绍选择色彩亮丽的图片的具体原因，如图2-8所示。

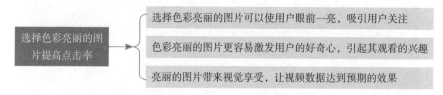

图 2-8 选择色彩亮丽的图片能够提高点击率的原因

很多用户在观看视频时希望有一个轻松愉快的氛围，不愿意在压抑的环境下观看视频，而色彩明亮的封面图片能给用户带来舒适轻松的观看氛围。

当然，除了亮丽夺目，封面图片在颜色选择上还有一个与内容是否符合的因素存在，这也是在图片的细节处理中需要注意的问题。如果中、长视频的基调是比较悲沉的，那么可以选择与内容适合的封面图片，不可使用太过跳脱的颜色，因为这样会降低封面的整体感。

（6）视觉精美

运营者在创作视频时是离不开封面图片的，封面图片是使中、长视频变得生动的一个重要"武器"，而且会直接影响到它们的点击量。因此，运营者在使用封面图片给中、长视频增色时，也可以使用一些方法美化图片素材，提高视觉精美度，从而吸引到更多的用户。

图片美化处理是指通过多种方式让原本单调的图片变得更加鲜活起来。要想呈现出好的视觉效果，运营者就应当注重视觉效果，利用Photoshop处理照片，增加视觉美感。图片美化处理可以利用两个方法着手进行，如图2-9所示。

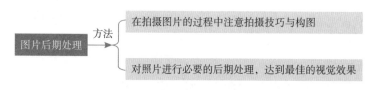

图 2-9 图片美化处理

关于图片后期修改的两种方法，具体介绍如下。

① 拍摄图片时美化。

运营者使用的封面图片来源是多样的，有的运营者使用的封面图片是企业或个人拍摄的，有的是从专业的摄影师或其他渠道购买的，还有的是从其他渠道免费获得的。对某些运营者来说，在拍摄封面图片时需要注意拍照技巧、拍摄场地布局及照片比例布局等，将图片的最佳效果呈现出来。

② 图片后期处理。

运营者在拍完封面图片或购买封面图片后，如果对呈现的效果还是不太满意，还可以通过后期处理美化图片。现在用于图片后期处理的软件有很多，如Photoshop、美图秀秀和光影魔术手等。运营者可以根据自己的实际技能水平选择图片后期处理软件，通过软件让图片变得更加夺人眼球。

2.2.3　封面视觉元素，抢占第一印象

运营者只有注重封面视觉元素，才能保证有高的点击量和播放量。封面视觉信息元素主要包括时效性、利益性、信任感、认同感、价值感和细节感等。

（1）视觉时效性

对封面策划工作来说，时间是非常重要的。在这个信息大爆炸时代，信息不仅繁杂，而且发布、传播都很快，如果要想引起用户的关注，就要抢占最佳时机，做到分秒必争。

那么，运营者到底应该如何保证视觉时效性，抢占视觉效果的第一印象呢？笔者将相关技巧进行了总结，如图2-10所示。

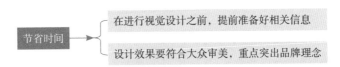

节省时间

在进行视觉设计之前，提前准备好相关信息

设计效果要符合大众审美，重点突出品牌理念

图 2-10　保证视觉时效性的技巧

（2）视觉利益性

运营者要想利用视觉效果传递令他人感兴趣的信息，首先就应该锁定用户的基本利益需求。一般而言，当用户在视频封面上看到了赠送、优惠等字眼时，就容易激发用户的好奇心，引起用户的关注，从而提高点击率。

（3）视觉信任感

基于在线购物的虚拟性，很多用户对运营者都没有足够的信任。因此，运营者在视频封面上加入售后服务热线与退货服务等信息，能够让用户放心购物，从而提升中、长视频的吸引力。

值得注意的是，在策划封面的过程中，运营者应为用户提供真实可信的产品信息，以及相关产品服务信息，从而增强用户对产品及运营者的信任度，最终提高商品的销售额。另外，运营者加入最佳服务信息，有利于增强用户对店铺的好感，扩大品牌影响力。

（4）视觉认同感

在策划视频封面时，运营者可利用大家喜爱的明星或名人来获得用户的认同

（在不侵犯肖像权的情况下），提升用户的好感度，从而为产品营销活动提供更多的关注，最终提高产品销售量，达到营销变现的目标。

（5）视觉价值感

视频封面传达的信息要准确，并且运营者要明白无误地分配每个视觉要素的具体作用，而这一切的基础就是深度了解目标受众的取向和喜好，体现视觉信息的价值感。在利用视频封面传达信息时，运营者可以在封面上直接注明重要信息，起到强调视觉信息的作用。值得注意的是，注明重要信息时，运营者要注重语言的提炼，以及核心信息点的传达。

（6）视觉细节感

运营者策划视频封面时，要注重视觉细节准确到位。此处所说的细节到位并不是说要面面俱到，越详细越好。因为图形的范围有限，用户能够接受的信息也是有限的。如果一味地追求细节，就会陷入满屏的信息之中，无法凸显重点。那么，怎样才能做到视觉的细节到位呢？有如下两种方法。

① 突出重要的视觉信息。

② 颜色对比要协调，避免无关的信息。

★ 专家提醒 ★

人是不可能看到所有细节的，因此封面图片的视觉设计只要突出想要传达的信息就行，多余的细节只会造成画面混乱，影响用户对重要信息的获取，继而导致封面效果不佳。

2.3　视频内容策划，入门级教程

视频内容策划是本章最后一节，同时也是最重要的一节，它是视频标题策划、视频封面策划的基础。而运营者想要策划视频内容，除了要了解基本要求，还需要了解剧本类型与编写方法。

2.3.1　入门须谨记，5大基本要求

无论是西瓜视频、B站，还是抖音和视频号，它们都只是搭建一个平台，具体内容还要靠运营者自己摸索。在本节中，笔者将目前平台播放量最火的视频做了总结，给大家提供方向，让运营者少走弯路。

在策划视频内容时，运营者要了解一些上热门的基本原则。只有先了解了一些规则，运营者才能把住脉门，创作出优质的中、长视频。

（1）个人原创内容

在西瓜视频上，某账号发布的视频经常上推荐界面，它的视频内容很简单，

就是对动物进行搞笑配音，营造滑稽之感，如图2-11所示。

图 2-11 原创视频

分析上述案例可知，中、长视频上热门的第一个要求就是：上传的内容必须是原创视频。在中、长视频平台上，某些运营者甚至不清楚自己该拍什么内容。其实，视频内容的选择很简单，运营者可以从以下4个方面入手。

①用中、长视频记录生活中的趣事。

②研究平台上的热门话题，并以科普的形式在中、长视频中展示出来。

③运营者可以在视频中使用丰富的表情和肢体语言。

④用中、长视频记录旅行过程中的美景或自己的感想。

另外，运营者也要学会换位思考，站在粉丝的角度思考问题："如果我是该账号的粉丝，我希望看到什么类型的视频？"当然，结论很简单，用户喜欢哪些类型的中、长视频，需要运营者做画像分析。

例如，某个用户想要买车，那么他所关注的大概是汽车测评、汽车质量鉴别和汽车购买指南之类的账号；再例如，某个人身材肥硕，一直被老婆催着减肥，他关注的一般都是减肥类或健身类账号。因此，用户关注的内容就运营者原创的内容方向。

（2）视频内容完整

在中、长视频平台上，内容完整且不拖沓的视频才有机会上热门推荐。运营者在给视频分集时，如果上一集内容突兀地结束，或者整个视频内容拖泥带水，用户是很难喜欢的。

（3）没有产品水印

热门视频中不能有其他平台的水印，如果运营者发现自己的素材有水印，可以利用Photoshop、一键去除水印等工具将其去除。如图2-12所示为一键去水印的微信小程序。

（4）高质量的内容

在视频平台上，视频质量才是核心，内容远比颜值重要。只有中、长视频质量高，才能让用户有观看、点赞和评论的欲望，颜值只不过是起锦上添花的作用而已。

图 2-12 一键去水印的微信小程序

运营者的中、长视频想要上热门，一是内容质量高，二是视频清晰度也要高。其中，视频引流是一个漫长而又难挨的过程，运营者要心平气和，耐心地拍摄高质量的中、长视频，积极与粉丝互动，多学习热门的剪辑手法。

（5）积极参与活动

运营者一定要积极参与平台官方推出的活动，一般来说，用活动主题策划的中、长视频更有可能上热门。如图2-13所示为西瓜视频官方活动。

图 2-13 西瓜视频官方活动

2.3.2　观摩优秀范本，了解热门剧本

下面总结了中、长视频最常见的剧本类型，运营者可以以此为参考。

（1）治愈类型

日本、韩国最常见的就是治愈类爱情电视剧，比如电影《小森林》讲的故事很简单，女主角从城市返回农村，在村里过上了朴实无华的生活，该电影当年播出时深受欢迎。当然，运营者也可以借鉴这种剧本，创作一些治愈类视频，如图2-14所示。

（2）搞笑类型

搞笑类是中、长视频平台比

图 2-14　治愈类视频

较受欢迎的类型。不过，运营者需要有出奇的创造力，才能写出令人捧腹大笑的剧本。如图2-15所示为搞笑类视频，它的剧本就是最简单的冷幽默剧本——主角连吃12个伏特加果冻，一边吃一边吹嘘自己酒量好，话还没说完，他就醉醺醺地跳起了巴啦啦小魔仙舞蹈。

图 2-15　搞笑类视频

（3）超能力类型

在中、长视频平台上，超能力类型的视频重点在策划分镜剧本和后期制作的超能力特效上，如图2-16所示。

图 2-16　超能力类视频

2.3.3　上手实际操作，学会创作剧本

中、长视频剧本创作一般分为4步：列出大纲、设计场景、安插转折点和控制时长，下面具体介绍。

（1）列出大纲

写剧本跟构思文章一样，运营者首先需要将剧本大纲列出来，提前安排好人物之间的关系，设计好故事背景，编出一条精彩的故事线。需要注意的是，剧本是视频的灵魂，因此运营者与团队在构思故事线时，必须保证故事线的可看性，如果故事线过于枯燥乏味，就无法吸引用户。

（2）设计场景

在撰写剧本的过程中，运营者需要考虑中、长视频的场景设计，以加强用户的代入感。比如，如果剧本内容讲的是公司员工加班，那么运营者就需要找一个公司办公室作为拍摄场景；如果剧本内容讲的是两个高中生的故事，那么视频拍摄团队就要找一间学校作为拍摄场景。

不过，视频团队需要注意的是，很多时候剧组资金都是有限的，尽量保证剧本中的场景能在生活中取景，不然运营者写出《指环王》《阿凡达》之类的中视频剧本，团队也没有资金去制作这种大场景。

（3）安插转折点

一般来说，低成本的中、长视频最大的优势就是剧情，而剧情中最受欢迎的是反转剧情。因此，运营者在剧本中加入合理的反转情节，更能吸引用户的目光。

（4）控制时长

运营者在撰写剧本的过程中，要注意把控时间，中视频时长一般是3分钟左右。如果时长过长，用户就没有坚持看下去的动力；如果时长过短，编剧就难以展示完整的剧情。

2.3.4　关于剧本内容，多种编写方法

剧本内容对视频制作来说是至关重要的，那么中、长视频剧本要怎么编写？笔者认为，运营者可以重点从4个方面进行考虑，本节笔者就来分别进行解读。

（1）根据规范进行编写

随着互联网技术的发展，网上每天更新的信息量是十分惊人的。"信息爆炸"的说法就来源于信息的增长速度，庞大的原始信息量和更新的网络信息量以新闻、娱乐和广告为传播媒介作用于每一个人。

对运营者而言，要想让中、长视频被大众认可，在庞杂的信息中脱颖而出，那么首先需要做到的就是内容的准确性和规范性。在实际的应用中，内容的准确性和规范性是编写中、长视频剧本的基本要求，如图2-17所示。

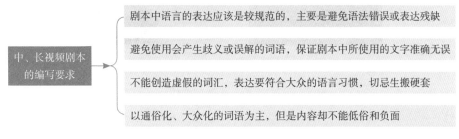

图 2-17　中、长视频剧本的编写要求

（2）根据热点编写剧本

如果运营者能够围绕热点编写剧本，那么中、长视频就能吸引更多用户了。比如，2021年的网络流行词是"小丑竟是我自己"，它指的是生活不如意，却还要努力微笑的。在西瓜视频上，很多运营者都以"小丑竟是我自己"为主题，创作了一些优秀的剧本，如图2-18所示。

图 2-18　围绕热点打造的视频

（3）个性可为剧本增色

个性化的表达能够加深视频给用户的第一印象，让他们看一眼就能记住中、长视频中的内容。某些运营者就是通过个性化的文字表达，来赢得用户关注的，如图2-19所示。

图 2-19　个性化的文字表达

对运营者而言，每一条优质的视频最初都只是一张白纸，需要运营者不断地在剧本中添加内容，才能够最终成型。而个性化的视频则可以用个性化的内容吸引用户关注，激发用户对相关产品的兴趣，从而促进产品信息的传播，提高产品的销售量。

（4）在剧本中运用创意

创意对任何行业都十分重要，尤其是在网络信息极其发达的社会中，自主创新的内容往往能够让人眼前一亮，进而获得更多的关注。创意是为视频主题服务的，所以中、长视频的创意必须与主题有直接关系，不能生搬硬套，牵强附会。

对创作中、长视频而言，运营者要想突出相关产品和内容的特点，还得在保持创新的前提下，通过多种方式编写更优秀的脚本，这样才能创作出更好的中、长视频。总而言之，中、长视频剧本的表达主要有7个方面的要求，具体为词语优美、方便传播、易于识别、内容流畅、契合主题、易于记忆和突出重点。

第3章

拍摄技巧：打造爆款视频的诀窍

在正式拍摄之前，运营者需要做好准备工作，比如需要准备拍摄设备、镜头、稳定器等器材。此外，运营者需要学习中、长视频的拍摄技巧，比如掌握光线、距离和镜头的运用，保证其美观度。

3.1　拍摄设备，选择较合适的

视频的拍摄设备主要包括手机、单反相机、微单相机、迷你摄像机、专业摄像机、运动相机和搭载摄像头的无人机等，运营者可以根据自己的资金状况来选择合适的拍摄设备。

运营者首先需要对自己的拍摄需求做一个定位，到底是用来进行艺术创作，还是纯粹记录生活。对于后者，笔者建议选购一般的单反相机、微单相机或好点的拍照手机。只要运营者掌握了正确的技巧和拍摄思路，即使是便宜的拍摄设备，也可以创作出优秀的作品。

3.1.1　若要求不高，使用手机即可

对那些对视频品质要求不高的运营者来说，普通的智能手机即可满足他们的拍摄需求，这也是目前大部分运营者使用的拍摄设备。

智能手机的摄影技术在过去几年里得到了长足进步，手机摄影也变得越来越流行，其主要原因在于手机摄影功能越来越强大、手机价格比单反相机更具竞争力，并且移动互联时代分享上传视频更便捷，而且手机可以随身携带，满足随时随地拍视频的需求，让运营者很快融入"全民拍摄视频的时代"。如图3-1所示为小米11 Ultra手机，其主摄像头拥有1/1.12英寸大底，拍照能力基本接近黑卡相机。

图 3-1　小米 11 Ultra 手机

3.1.2　专业拍视频，使用单反相机或摄像机

如果运营者专业从事摄影或视频制作方面的工作，或者是"骨灰级"的视

频玩家，那么单反相机或高清摄像机是必不可少的拍摄设备，如图3-2所示。此外，使用这些专业设备拍摄的视频作品通常还需要结合计算机进行后期处理，否则效果不能完全展示出来。

图 3-2　单反相机和高清摄像机

★ 专 家 提 醒 ★

　　微单相机是一种跨界产品，功能介于单反相机和卡片机，最主要的特点就是没有反光镜和棱镜，因此体形也更加小巧，同时还可以获得媲美单反相机的画质。微单相机比较适合普通运营者的拍摄需求，不仅比单反相机轻便，而且还拥有专业与时尚的特质，同样能够获得不错的视频画质表现力。

　　笔者建议运营者购买全画幅的微单相机，因为这种相机的传感器比较大，感光度和宽容度都较高，拥有不错的虚化能力，获得的画质也更好。同时，运营者可以根据不同视频题材，来更换合适的镜头，拍出有电影感的视频画面效果。

3.1.3　拍摄运动的画面，可使用运动相机

　　使用运动相机拍摄可以还原每一个运动瞬间，记录更多转瞬即逝的动态之美或奇妙表情等丰富的细节，相机的转向运动功能还能带来稳定、清晰、流畅的视频画面效果。如图3-3所示为GoPro HERO9 Black 5K运动相机，拥有2000万像素、HyperSmooth增强防抖功能及5K超高清画质。

图 3-3　运动相机

　　运动相机能轻松应对旅拍、VLOG拍摄、直播和生活记录等各种拍摄需求。运营者在拍摄时可以先设置好分辨率、帧率、色彩和畸变校正等功能，同时拍摄时可以非常灵活地转变视角，获得流畅平稳的画面效果。如图3-4所示为运动相机跟拍效果，这样的视角能让被摄对象一直处于取景框中。

图 3-4　跟拍人物

3.1.4　掌握无人机，拍出视觉大片

　　现在，很多运营者都喜欢用无人机来拍摄中、长视频，这样可以用不同的视角来展示作品的魅力，带领观众欣赏到更美的风景。随着无人机市场越来越成熟，现在的无人机体积越来越小，有些无人机只需一只手就能轻松拿住，出门携带也方便，比如大疆御2系列的无人机，如图3-5所示。

图 3-5　大疆御 2 系列的无人机

　　无人机主要用来高空航拍，它能够拍摄出宽广的画面效果和一种恢宏的气势，比如用无人机航拍海岸，湛蓝的海水和成片的楼房看起来非常壮观，如图3-6所示。

图 3-6　航拍巴厘岛海岸

3.2　镜头与稳定器，提升成像质量

　　镜头和稳定器对成像质量影响巨大，好的镜头代表了高像素、高解析力，好的稳定器则代表了画面的高稳定性。下面将具体结合不同类型的镜头与稳定器，分析它们的不同特性。

3.2.1 不同的拍摄场景，选择不同的镜头

如果用户选择使用单反相机拍摄中、长视频，那么最重要的部件就是镜头了。镜头的优劣会对中视频的成像质量产生直接影响，而且不同的镜头可以创作出不同的视频画面效果。下面介绍拍摄中、长视频常用的镜头类型和选购技巧。

（1）广角镜头

广角镜头的焦距通常都比较短，视角较宽，而且其景深很深，非常适合拍摄建筑和风景等较大的场景，画质和锐度都相当不错，如图3-7所示。

图 3-7 大场景的建筑视频效果

（2）长焦镜头

普通长焦镜头的焦距通常在85～300mm，超长焦镜头的焦距可以达到300mm以上，可以拉近拍摄距离，非常清晰地拍出远处的物体，主要特点是视角小、景深浅及透视效果差。使用长焦镜头可以轻松捕捉建筑细节，压缩感会增强整个视频画面的紧凑性，如图3-8所示。

 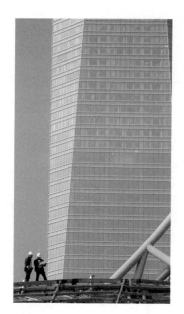

图 3-8　宏伟的建筑群

在拍摄特写类型的中、长视频时，长焦镜头还可以获得更浅的景深效果，从而更好地虚化背景，烘托主体的相关特征，让观众的眼球聚焦在视频画面的主体上，如图3-9所示。

图 3-9　动物特写

同时，在环绕运镜拍摄中、长视频时，使用长焦镜头还可以获得更强的时空感和速度感。另外，使用长焦镜头还可以轻松拍到更大的太阳、圆润的月亮及更加纪实的画面效果，如图3-10所示。

图 3-10　大月亮效果

（3）镜头的选购

在选择拍摄中、长视频的镜头时，用户可以观察镜头上的各种参数信息，如品牌、焦距、光圈和卡口类型等。如图3-11所示为索尼（SONY）FE 16-35mm F2.8 GM全画幅广角变焦G大师镜头。

图 3-11　全画幅变焦广角镜头

其中，镜身上的FE是指全画幅镜头；16-35表示镜头的焦距范围，单位为毫米；2.8表示镜头的最大光圈系数；GM即G Master，意思是专业镜头。

如果运营者对镜头的选购拿不定主意的话，可以去租用一些镜头，然后亲自拍摄试用，并通过实拍作品进行对比，检查画面的清晰度和焦距，从而选择拍摄效果更优的镜头。

3.2.2　稳定器：拍摄时需要防抖

稳定器是拍摄中、长视频时用于稳固拍摄器材，给手机或相机等拍摄器材作支撑的辅助设备，如三脚架、八爪鱼支架和手持云台等。所谓稳固拍摄器材，就是指将手机或相机固定，或者使其处于一个十分平稳的状态。下面具体介绍不同的稳定器。

（1）三脚架

三脚架主要用来在拍摄视频时更好地稳固手机或相机，为创作清晰的视频作品提供了一个稳定的平台。如图3-12与图3-13所示，分别为三脚架及其使用示意图。

图 3-12　三脚架示意图

图 3-13　使用三脚架固定相机的示意图

运营者购买时要注意，三脚架主要起稳定拍摄器材的作用，所以要选择结实的三脚架。但是，由于三脚架又经常被携带，所以它需要具备轻便快捷和易于随身携带等特点。

（2）八爪鱼支架

前面介绍了三脚架，三脚架的优点一是稳定，二是能伸缩。但三脚架也有缺点，就是摆放时需要相对比较好的地面，而八爪鱼刚好能弥补三脚架的缺点，因为它有"妖性"，八爪鱼能"爬杆"、能"上树"，还能"倒挂金钩"，能获得更多、更灵活的视频取景角度，如图3-14所示。

图 3-14　八爪鱼支架

（3）手持云台

手持云台的主要功能是稳定拍摄设备，防止抖动造成画面模糊，适合拍摄户外风景或人物动作类视频，如图3-15所示。手持云台能根据用户的运动方向或拍摄角度来调整镜头的方向，无论用户在拍摄期间如何运动，手持云台都能保证稳定地拍摄视频。

图 3-15　使用手持云台拍摄视频

3.3 利用光线与距离，完成光影魔术

自从法国的卢米埃尔兄弟开创了电影时代之后，中、长视频开始登上了时代舞台，直至今日，它依然有着无限的魅力。与电影一样，中、长视频也是一种光影魔术，它依赖的元素无非光线和距离。

3.3.1 利用光线，提升视频画质

如今人们所说的光大多分为自然光与人造光，而光线则是十分抽象的名词，是指光在传播时人为想象出来的路线。

如果这个世界没有光，那么世界就会是一片黑暗的景象，所以光线对视频拍摄来说至关重要，也决定着视频的清晰度。比如，当光线比较黯淡时，运营者拍摄的视频就会模糊不清，即使手机像素很高，也可能存在此种问题；反之，当光线较亮时，运营者拍摄的视频画面会比较清晰。

本节所讲的光线主要是顺光、侧光、逆光、顶光常见的4大类光线。下面逐一讲解。

（1）顺光

顺光就是指照射在被摄物体正面的光线，其主要特点是受光非常均匀，画面比较通透，不会产生明显的阴影，并且色彩亮丽。采用顺光拍摄的视频作品能够让主体更好地呈现出自身的细节和色彩，如图3-16所示。

图 3-16 顺光拍摄的视频片段

（2）侧光

侧光是指光源的照射方向与视频的拍摄方向呈直角状态，即光源是从视频被摄主体的左侧或右侧直射过来的光线，因此被摄物体受光源照射的一面非常明

亮，而另一面则显得比较阴暗，画面的明暗层次感非常分明，从而使主体更加立体，如图3-17所示。

图 3-17　侧光拍摄展现立体感

（3）逆光

逆光是一种具有艺术魅力和较强表现力的光线，逆光是一种视频被摄主体刚好处于光源和手机之间的情况，这种情况容易使被摄主体出现曝光不足的情况，但是利用逆光可以拍出剪影效果，也是一种极佳的艺术摄影技法。

在采用逆光拍摄视频时，只需将镜头对着光源就可以了，这样拍摄出来的视频中的主体会呈剪影的效果，如图3-18所示。如果拍摄树叶，还会使树叶看起来晶莹剔透。

图 3-18　逆光拍摄实现剪影效果

（4）顶光

顶光，顾名思义，即从头顶直接照射到被摄主体身上的光线，比如正午时分的阳光。如果运营者采用顶光拍照，由于是垂直照射于被摄主体，阴影在被摄主体下方，所占面积很小，几乎不会影响被摄主体的色彩和形状展现。顶光光线很亮，能够展现出被摄主体的细节，被摄主体看起来更加明亮，如图3-19所示。

图 3-19　顶光拍摄让被摄主体看起来更加明亮

想用顶光构图拍摄视频，如果是利用自然光，就需要在正午时分，太阳刚好处于我们正上方，这样可以拍摄出顶光视频。如果是人造光，可将被摄主体移动到光源正下方，或者将光源移动到主体最上方，也可以拍摄顶光视频。

★ 专家提醒 ★

用手机拍摄视频时用到的光线远不止笔者提及的这4种。光线分类众多，除了顺光、侧光、逆光和顶光，还有散射光、直射光、底光、炫光、云隙光等，而且不同时段的光线又有所不同。由于篇幅有限，笔者不能一一为大家介绍。想要更深入地学习的朋友，可以自行查阅《VLOG视频拍摄、剪辑与运营从小白到高手》一书。

3.3.2　注意拍摄距离，把握主体远近

拍摄距离，顾名思义，就是指镜头与视频被摄主体之间的距离。

（1）作用

拍摄距离的远近，能够在手机镜头像素固定的情况下，改变视频画面的清晰度。一般来说，距离镜头越远，视频画面越模糊，距离镜头越近，视频画面越清晰。当然，这个"近"也是有限度的，过近的距离也会使视频画面因为失焦而变得模糊。

（2）方法

一般在拍摄视频时，有两种方法来控制镜头与视频拍摄主体的距离，具体分析如下。

① 依靠变焦功能。

第一种是依靠手机里自带的变焦功能，将远处的被摄主体拉近，这种方法主要用于被摄物体较远，无法短时间到达，或者被摄物体处于难以到达的地方。

用手机拍摄视频时，自由变焦能够将远处的景物拉近，这就很好地解决了这一问题。而且在拍摄视频的过程中，采用变焦拍摄的好处就是免去了拍摄者因距离远近而跑来跑去的麻烦，只需站在同一个地方也可以拍摄到远处的景物。

如今很多手机都可以实现变焦功能，大部分情况下，手机变焦可以通过两个手指头（一般是大拇指与食指）在手机屏幕上滑动，将视频拍摄界面放大或者缩小，实现视频拍摄镜头的拉近或推远。下面以使用安卓手机拍摄视频时的变焦设置为例，为大家讲解如何设置手机变焦功能。

打开手机相机，点击录像按钮，进入视频拍摄界面之后，用两只手指触摸屏幕滑动即可进行视频拍摄的变焦设置，如图3-20所示。当然，使用这种变焦方法拉近被摄主体，也会受到手机镜头本身像素的影响。

图 3-20　安卓手机视频拍摄变焦设置

② 依靠移动位置。

第二种是短时间能够到达或容易到达的地方，就可以通过拍摄者移动位置来达到缩短拍摄距离的效果。

总而言之，在用手机拍摄视频的过程中，如使用变焦设置，运营者一定要把握好变焦的程度，远处景物会随着焦距的拉近而变得不清晰，所以为保证视频画面的清晰，变焦要适度。

3.3.3 添加前景装饰，提升视频效果

前景，最简单的解释就是位于被拍摄主体与手机镜头之间的事物。而前景装饰就是指在拍摄视频时，在前景起装饰作用的事物。

（1）作用

前景装饰可以使视频画面具有更强烈的纵深感和层次感，同时也能大大丰富视频画面，使视频画面更加鲜活饱满。

（2）拍法

在拍摄视频时，运营者可以将身边能充当前景的事物纳入到视频画面中。如图3-21所示为将树枝作为视频前景装饰的示例。

图 3-21　将树枝作为视频前景装饰的示例

在图3-21中，拍摄者将树枝作为前景装饰，但大家不难看出该树枝的线条十分清晰明了，将船夫、扁舟和少女组合在一起，使视频画面更加丰富了。

当然，还有一种前景装饰是不清晰的。前景深当中的前景只是为了使视频中的主体更加突出，但又不显得单调。拍摄者并没有刻意将前景完全清晰地展现出来，如图3-22所示。

图 3-22　前景模糊、主体突出的视频拍摄案例

★ 专 家 提 醒 ★

在使用前景装饰拍摄视频时要注意，前景装饰只是作为装饰而存在的，切不可面积过大抢了被摄主体的"风头"，在实际的拍摄过程中，大家要注意前景装饰大小的选择，切不可反客为主。

3.3.4　学会取景构图，让观众聚焦主体

要想使视频获得系统的推荐，快速上热门，好的内容和高质量是基本要求，而构图技巧也是拍好视频必须掌握的基础技能。运营者可以用合理的构图方式来突出主体、聚集观者视线和美化画面，从而突出视频中的人物或景物，以及掩盖瑕疵，让中、长视频的内容更加优质。

中、长视频画面主要由主体、陪体和环境3大要素组成。主体对象包括人物、动物和各种物体，是画面的主要表达对象；陪体是用来衬托主体的元素；环境则是主体或陪体所处的场景，通常包括前景、中景和背景等，如图3-23所示。

下面笔者总结了一些热门中、长视频的构图形式，大家稍加了解，在拍摄时可以灵活运用。

① 中心构图法。

方式：将主体对象置于画面中央，作为视觉焦点。

优点：主体非常突出、明确，同时画面效果更加平衡。

② 对称构图法。

方式：画面中的元素按照对称轴形成上下或左右对称关系。

优点：能够让人产生稳定、安逸及平衡的视觉感受。

- 构图：对称构图（倒影）
- 主体：亭子
- 陪体：桥梁
- 环境：树枝（前景）、河水（中景）、山峦（背景）

- 构图：框架式构图
- 主体：喷泉
- 陪体：人物
- 环境：飞机窗口（近景）、天空（背景）

图 3-23　中、长视频构图解析示例

③ 九宫格构图法。

方式：用4条线将画面切割为九等份，将主体放在线条交点上。

优点：这些交点通常就是观众眼睛最为关注的地方。

④ 对角线构图法。

方式：主体沿画面对角线方向排列，或者位于对角线上。

优点：让画面更加饱满，以及带来强烈的动感或不稳定性。

⑤ 水平线构图法。

方式：以海平面、草原、地平线等作为水平线条进行取景。

优点：给观众带来辽阔、宽广、稳定、和谐的视觉感受。

3.4　掌握运镜手法，拍摄不同的对象

总的来说，运镜手法与拍摄对象是相辅相成的，不同的运镜手法适用于不同的拍摄对象；不同的拍摄对象需要使用不同的运镜手法。下面分别介绍不同的运镜手法与拍摄对象。

3.4.1　多种运镜方式，拍出大片质感

在拍摄视频时，运营者同样需要在镜头的角度、景别及运动方式等方面下功

夫，掌握这些VLOG"大神"们常用的运镜手法（下文以摇移运镜和横移运镜为例），能够帮助用户更好地突出视频的主体和主题，让观众的视线集中在运营者要表现的对象上，同时让视频作品更加生动，更有画面感。

（1）摇移运镜

摇移运镜是指保持机位不变，朝着不同的方向转动镜头，摇移运镜的镜头运动方向可分为左右摇动、上下摇动、斜方向摇动、旋转摇动4种方式，如图3-24所示。具体来说，摇移运镜就像是一个人站着不动，然后转动头部或身体，用眼睛向四周观看身边的环境。

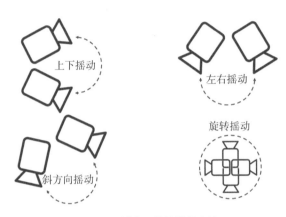

图 3-24　摇移运镜的操作方法

摇移运镜通过灵活地变动拍摄角度，能够充分地展示主体所处的环境特征，可以让观众在观看视频时能够产生身临其境的视觉体验感。

（2）横移运镜

横移运镜是指拍摄时镜头按照水平方向移动，如图3-25所示。横移运镜通常用于拍摄某些情节，如人物在沿直线方向走动时，镜头也跟着横向移动，更好地展现出空间关系，而且能够扩大画面的空间感。

图 3-25　横移运镜的操作方法

在使用横移运镜手法拍摄视频时，运营者可以借助滑轨设备，保持手机或相机的镜头在移动拍摄过程中的稳定性，如图3-26所示。

图 3-26　滑轨设备

3.4.2　关于拍摄对象，选择最合适的

拍摄对象大致可以包括人物、动物、城市、自然景物等类别，下面以人物拍摄为例，进行具体介绍。

人物是最常见的拍摄对象，真人出境的中、长视频作品，不仅可以更加吸引观众眼球，而且还可以显得账号更加真实。但在现实生活中，很多人非常胆怯，认为自己长得丑、声音不好听，他们想要拍好视频，但又不敢露面，心理非常矛盾。

从拍摄角度来说，真人出镜的视频，会给人很强的代入感，从而更加地吸引人。在拍真人出镜的视频时，如果单靠自己的手端举手机拍摄视频，很难达到更好的视觉效果，此时运营者可以利用各种脚架和稳定器等工具。

使用稳定器拍摄，可以让视频画面更加平稳流畅，即使人物处在运动过程中，也能够让画面始终保持鲜活生动，如图3-27所示。手机是否稳定，能够在很大程度上决定视频拍摄画面的稳定程度。如果手机不稳，就会导致拍摄出来的视频也跟着摇晃，视频画面也会十分模糊。

在拍摄视频时，运营者最好不要将人物对象放在画面正中央，这样会显得很呆板，可以将人物置于画面的九宫格交点、三分线或者斜线等位置上，这样能够突出主体对象，让观众快速找到视频中的视觉中心点，如图3-28所示。

图 3-27　拍摄运动的人物视频画面

图 3-28　突出视频中的人物主体

　　同时，人物所处的拍摄环境也相当重要，必须与视频的主题相符合，而且场景尽量要干净、整洁。因此，拍摄者要尽量寻找合适的场景，不同的场景可以营造出不同的视觉感觉，通常越简约越好。

第4章

剪辑方法：让你的视频质感飙升

如今视频剪辑工具越来越多，功能也越来越强大，一些优秀视频少不了剪辑工具的帮助。

剪映是一款功能非常全面的手机剪辑工具，能够让运营者在手机上轻松完成视频剪辑。本章将以剪映软件为例，介绍视频后期处理的常用操作。

4.1　视频后期处理入门，了解剪辑手法

对中、长视频而言，剪辑是不可缺少的一个重要环节。在后期剪辑中，运营者需要注意素材之间的关联性，比如镜头运动的关联、场景之间的关联、逻辑性的关联及时间的关联等。剪辑的重点在于"细""新""真"，如图4-1所示。

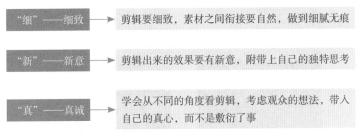

图 4-1　剪辑的重点解析

4.1.1　视频剪辑处理，手法多种多样

下面介绍视频变速、删除、复制、倒放和定格等剪辑处理方法。

步骤 01　在剪映App中导入一段原始的视频素材，点击"剪辑"按钮，执行操作后，进入视频剪辑界面，如图4-2所示。

图 4-2　进入视频剪辑界面

步骤 02 移动时间线至两个片段的相交处，❶点击"分割"按钮，即可分割视频；回到剪辑界面，依次点击"变速"|"常规变速"按钮；弹出变速调节面板；❷左右移动红色圆圈，可以调整视频的播放速度，如图4-3所示。

图 4-3　分割和变速视频

步骤 03 移动时间线，❶选择视频片尾；❷点击"删除"按钮，执行操作后，即可删除片尾，如图4-4所示。

图 4-4　删除片尾

步骤 04 回到剪辑界面，点击"编辑"按钮后可以对视频进行旋转、镜像、裁剪等编辑处理，如图4-5所示；此外，在剪辑界面点击"复制"按钮，可以快速复制选择的视频片段，如图4-6所示。

图 4-5　视频编辑　　　　　　　　　　　图 4-6　复制功能

步骤 05 在剪辑界面点击"倒放"按钮，系统会对所选择的视频片段进行倒放处理，并显示处理进度。稍等片刻，即可倒放所选视频，如图4-7所示。

图 4-7　倒放所选视频

步骤 06 回到剪辑界面，❶选择一段视频；❷点击"定格"按钮，剪映会自动延长该片段的持续时间，从而实现画面定格的效果，如图4-8所示。

图 4-8　实现定格效果

步骤 07 视频操作完成后，点击"导出"按钮，跳转至"导出"界面，等待数秒后，便可将处理好的视频导出来，如图4-9所示。

图 4-9　导出并预览视频

4.1.2　使用视频滤镜，增添几许氛围

下面介绍使用剪映为视频添加开幕闭幕滤镜的操作方法。

步骤01 在剪映中导入视频素材，❶点击"特效"按钮；进入特效编辑的界面；❷在"基础"特效选项卡中选择"开幕"效果；❸点击✔按钮，如图4-10所示。

图 4-10　选择"开幕"效果

步骤02 添加完"开幕"特效后，❶点击"开幕"紫色时间轴；❷移动其时间轴右侧的白色滑块，调整特效持续时间，如图4-11所示。

步骤03 取消选中视频，❶点击"新增特效"按钮，弹出特效选择列表；❷在"热门"特效选项卡中选择"怦然心动"特效；❸点击✔按钮，如图4-12所示。

图 4-11　调整特效的持续时间

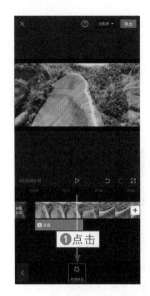

图 4-12　添加"怦然心动"特效

步骤 04 执行操作后，❶点击"怦然心动"紫色时间轴；❷移动"怦然心动"时间轴右侧的白色滑块，如图4-13所示。

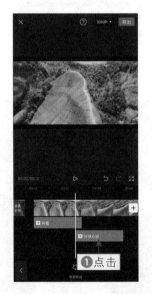

图 4-13　调整"怦然心动"特效持续时长

步骤 05 返回视频素材界面，滑动进度条至视频末尾，❶在"基础"特效选项卡中选择"闭幕"特效；❷点击✓按钮，执行该操作后，即可在视频结尾处添加"闭幕"特效，如图4-14所示。

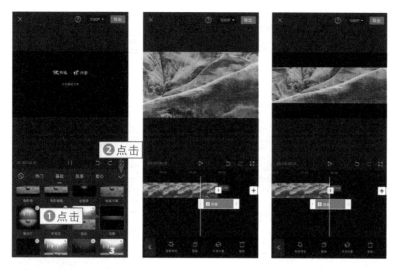

图 4-14　添加"闭幕"特效

4.1.3　声音处理，打造视听盛宴

声音是视频不可缺少的元素，下面介绍在剪映中添加旁白和去除噪声的方法。

（1）录制语音旁白

下面介绍使用剪映App录制语音旁白的操作方法。

步骤 01　在剪映 App 中导入素材，❶ 点击"关闭原声"按钮；❷ 点击"添加音频"按钮，如图 4-15 所示。

步骤 02　操作完成后，进入编辑界面，点击"录音"按钮，如图4-16所示。

步骤 03　进入录音界面，按住红色的录音键，录制语音旁白，如图4-17所示。

步骤 04　录制完成后，松开录音键，❶ 点击 ✓ 按钮；❷ 点击"导出"按钮，导出视频，如图 4-18 所示。

图 4-15　点击"关闭原声"
按钮

图 4-16　点击"录音"
按钮

61

图 4-17　开始录音　　　　　　　　　　图 4-18　完成录音

（2）消除视频噪声

如果录音环境比较嘈杂，运营者可以使用剪映App来消除中视频中的噪声。

步骤 01　将素材导入剪映，进入剪辑界面，点击"降噪"按钮，如图4-19
所示。

步骤 02　执行操作后，弹出"降噪"菜单，如图4-20所示。

图 4-19　点击"降噪"按钮　　　　　　图 4-20　弹出"降噪"菜单

步骤 03　打开"降噪"开关，系统会自动进行降噪处理，并显示处理进度，如图 4-21 所示。

步骤 04 处理完成后自动播放视频，点击✓按钮确认即可，如图4-22所示。

图 4-21 进行降噪处理

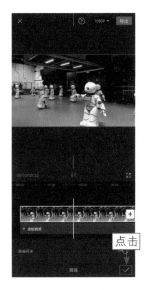

图 4-22 自动播放视频

4.2 更多剪辑操作，提升自身技能

视频基本制作完成之后，并非视频制作步骤已完成，这时继续进行包装就显得尤为重要。说起包装，一般都会想到商品的华丽包装，或者是打造明星的浮夸手段，那么，视频的"包装"也是如此吗？其实，"包装"只是一种形象的比喻方式，如果没有剪辑和包装，又怎么能快速地引起他人的注意呢？

当然，在对视频进行剪辑包装时，不仅仅是保证素材之间富有关联性就够了，其他方面的点缀也是不可缺少的，如图4-23所示。

图 4-23 包装视频的主要工作

总的来说，后期包装并不是说要让视频拥有多么绚烂的特效，或者是有多么动人的背景音乐，而是要看运营者有没有用心在做这件事。

中长视频内容创作、拍摄剪辑与运营一本通

4.2.1 添加动画效果，提升可看性

下面介绍使用剪映为视频添加动画效果的操作方法。

步骤 01 在剪映中导入3段视频素材，选择第1段视频，❶点击"剪辑"按钮；❷等导航栏刷新后，再点击"动画"按钮，如图4-24所示。

步骤 02 调出动画菜单，❶在其中选择"降落旋转"动画；❷根据需要拖曳时间轴，适当调整动画时长；❸点击✓按钮，保存动画效果，如图4-25所示。

图 4-24　添加动画效果

图 4-25　调整"降落旋转"动画

步骤 03 为第 2 段视频选择"抖入放大"动画，保存效果；为第 3 段视频选择"向右甩入"动画，保存效果，如图 4-26 所示。

图 4-26 添加"抖入放大"和"向右甩入"动画

步骤 04 视频处理操作完成后，即可将其导出，并可在剪映中预览视频效果。如果对成品不满意，运营者还可以实时修改，如图4-27所示。

图 4-27 导出并预览视频

4.2.2 脚踢大树,踢出分身

下面介绍使用剪映App的线性蒙版功能,制作"一脚踢出另一个自己"的视频特效方法。

步骤 01 首先拍摄第1段视频素材,用三脚架固定手机,拍摄人物踢大树的视频素材,如图4-28所示。

步骤 02 接着拍摄第2段视频素材,保持手机机位固定不变,拍摄人物从树后摔出去的视频素材,如图4-29所示。

图 4-28　拍摄第 1 段视频素材　　　　图 4-29　拍摄第 2 段视频素材

步骤 03 在剪映App中导入第1段视频素材,拖曳时间轴,找到人踢大树的位置,点击"画中画"按钮,如图4-30所示。

步骤 04 点击"新增画中画"按钮,导入第2段人物从树后摔出去的视频素材,如图4-31所示。

图 4-30　点击"画中画"按钮　　　　图 4-31　导入第 2 段视频素材

步骤 05 执行操作后，用双指在预览区域放大画中画视频素材，使其铺满整个画面，如图4-32所示。

步骤 06 在下方工具栏中找到并点击"蒙版"按钮，如图4-33所示。

图 4-32　放大视频画面

图 4-33　点击"蒙版"按钮

步骤 07 进入"蒙版"界面后，选择"线性"蒙版，如图4-34所示。

步骤 08 执行操作后，旋转并移动线性蒙版控制条至人物中间的位置，使两个自己都出现在画面中，如图4-35所示。

图 4-34　选择"线性"蒙版

图 4-35　调整线性蒙版控制条

步骤 09 点击右上角的"导出"按钮，导出并播放预览视频，可以看到画面中的人走到树旁边，踢一脚树干，树的另一边摔出去另一个自己，效果如图4-36所示。

图4-36　播放预览视频

4.2.3　镜像特效，反转世界

在视频中添加一些非常有创意的想法，可以使视频获得更高的播放量。下面介绍使用剪映App制作"逆世界"镜像特效的方法。

步骤 01 导入一段视频素材，点击选择相应的视频片段，如图4-37所示。

步骤 02 进入视频片段的剪辑界面，向上拖曳视频调整其位置，如图4-38所示。

步骤 03 点击"画中画"按钮，再次导入相同的视频素材，如图4-39所示。

步骤 04 ❶将视频放大至全屏；❷点击底部的"编辑"按钮，如图4-40所示。

图 4-37　选择相应的视频片段

图 4-38　调整视频位置

图 4-39　导入相同的视频素材

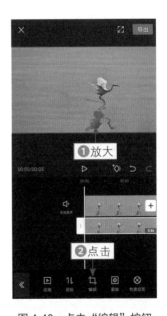

图 4-40　点击"编辑"按钮

步骤 05　进入编辑界面，点击两次"旋转"按钮，旋转视频，如图4-41所示。

步骤 06　点击"镜像"按钮，水平翻转视频画面，如图4-42所示。

图 4-41　旋转视频　　　　　　　图 4-42　水平翻转视频画面

步骤 07 点击"裁剪"按钮，对视频画面进行适当裁剪，如图4-43所示。

步骤 08 点击 ✓ 按钮确认编辑操作，并对两个视频片段的位置进行适当调整，完成"逆世界"镜像特效的制作，如图4-44所示。

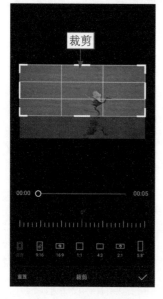

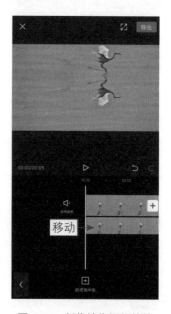

图 4-43　裁剪视频画面　　　　　　图 4-44　制作镜像视频特效

第5章

发布视频：让作品流量节节攀升

在一般人看来，发布视频不就是点击一下"发布"按钮的事吗？事实并没有如此简单，发布视频的每一步操作都有可能暗藏着引流变现的机会。

本章主要以西瓜视频平台为例，从发布前的准备、发布渠道和发布设置出发，带大家了解发布视频的门道。

5.1 发布前的准备，了解相关操作

在发布视频之前，运营者需要了解在该平台上如何修改视频、如何创建合集，以及在该平台发布视频的时间点，下面进行详细介绍。

5.1.1 进入视频后台，修改已发布的视频

在西瓜视频等中、长视频平台上，运营者可在西瓜创作平台上对已发布视频的源文件、标题、封面、简介等做出修改。此操作相当于一剂"后悔药"，运营者可对已发布的有瑕疵的视频进行修改，下面以修改视频标题为例介绍具体步骤。

步骤 01 进入西瓜创作平台，登录自己的账号与密码后，单击"内容管理"按钮，如图5-1所示。

图 5-1 单击"内容管理"按钮

步骤 02 进入"视频"界面，❶将鼠标指针放置在视频所在区域，在视频下方弹出工具栏；❷单击工具栏中的"修改"按钮，如图5-2所示。

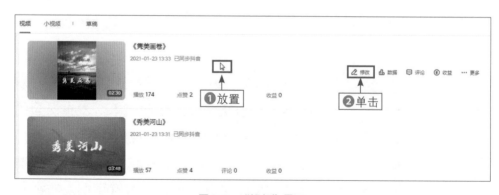

图 5-2 "视频"界面

步骤 03 进入"视频信息"界面，❶在"标题"文本框中重新输入新拟定的标题；❷操作完成后单击"保存修改"按钮，即可完成视频标题的修改操作，如图5-3所示。

图 5-3　"视频信息"界面

★ 专家提醒 ★

运营者除了可以在西瓜创作平台上修改视频，还可以通过西瓜视频移动客户端和头条号后台修改视频。

5.1.2　化零为整之法，创建视频合集

在西瓜视频等中、长视频平台上，运营者可以创建合集（将多条视频组成一个专辑），下面介绍具体的操作方法。

步骤 01 进入头条号后台，登录自己的账号与密码后，❶单击"创作"按钮，展开菜单栏；❷选择"视频"选项，如图5-4所示。

图 5-4　头条号后台界面

步骤 02 进入"发布视频"界面，单击"创建合集"按钮，如图5-5所示。

图 5-5 "发布视频"界面

步骤 03 进入"创建合集"界面，❶输入合集标题；❷上传合集封面；❸单击"选择视频"按钮，如图5-6所示。

图 5-6 "创建合集"界面

步骤 04 弹出选择视频弹窗，❶选中所选视频前面的复选框，这里选中第一个复选框；❷单击"添加视频"按钮，如图5-7所示。

图 5-7 添加视频操作

步骤 **05** 操作完成后，自动返回"创建合集"界面，单击"创建合集"按钮，即可完成创建合集的操作，如图5-8所示。

图 5-8　单击"创建合集"按钮

很多运营者有疑问，对他们来说，创建视频合集有什么用呢？具体来说，创建视频合集有3个作用。

① 创建合集后，运营者可以将视频按主题、风格等标准分类。

② 用户在观看合集内的某条视频时，可快速切换至合集内的任意一条视频。

③ 用户点击合集内其他视频产生的播放量，运营者一样能获得分成。

运营者在创建合集时，需要注意官方对合集标题的要求，如图5-9所示。

> 关键词：文字精炼　主题突出
>
> • 标题文字有提炼，不宜过短或者过长，表意清晰易懂即可
> • 标题能准确概括合集内视频的特征，包含关键信息，主题突出
> • 不建议使用过于宽泛或随意的标题，如"影视大合集"、"精彩视频"等
> • 不建议以合集内某个视频的标题作为合集标题，或使用账号名作为合集标题
> • 标题须实事求是，标题不得滥用"最全""全集""最新"等夸张误导性的关键词

图 5-9　官方对合集标题的要求

下面是一些常见的合集标题案例，包括运营者极容易犯的错误和相应的优秀示例，这些都具有代表性，值得运营者学习和研究，如表5-1所示。

表 5-1　合集标题案例

合集分类	错误示例	正确示例
游戏解说类合集标题	吃鸡合集	XX游戏解说系列：一条命的极限生存挑战
影视集锦类合集标题	《亮剑》全集	《亮剑》十大经典场面集锦
系列课程类合集标题	小学数学在线学习课程	人教版小学三年级（上册）习题精讲
个人记录类合集标题	闲来无事前往山西旅游，看遍粗犷奔放的晋绥大地，感受唐朝建筑的美……	2021构图君山川游历记：山西篇（上）

前面章节已分析过视频封面的重要性，合集封面也同样重要，不过运营者需要注意如图5-10所示的一些注意事项。

关键词：图片清晰 契合主题
- 选用清晰且无低质问题（如缩放、黑边、水印、截断等）的封面
- 选用与合集主题契合的封面，不使用无意义或不相关的图片
- 不同的合集请勿使用相同的封面，须在封面素材或封面文字上有区分

图 5-10　合集封面注意事项

如表5-2所示是错误合集封面与正确合集封面的对比，看起来直观。

表 5-2　合集封面对比

错误示例	正确示例
某音乐视频合集，使用风景图片作为封面	某游戏解说合集：封面素材、文字均能直观地体现游戏元素
某教学视频合集，封面模糊且显示不全	某影视解说合集：封面素材与主题相关，封面文字信息量丰富

5.1.3　了解用户作息，掐准发布时间

运营者发布视频也有讲究，要合理地抓住用户刷视频的时间，这样才能在关键时候发挥信息的作用。下面介绍发布中、长视频的最佳时间。

（1）早上7:00—9:00

早上7:00—9:00正好是用户起床、吃早餐的时间，有的用户正在上班的路上或在公交车上，此时大家都喜欢拿起手机刷视频。"一年之计在于春，一日之计

在于晨。"运营者应该敏锐地抓住这个黄金时间，发布一些正能量的视频，给用户传递正能量，让大家一天的好精神从阳光心态开始。

（2）中午12:30—13:30

中午12:30—13:30正是大家吃饭、休息的时间，上午上了半天班，有些辛苦，此时大家都想看一些放松、搞笑、具有趣味性的内容，为枯燥的工作时间添加几许生活色彩。

（3）下午17:30—18:30

下午17:30—18:30正是大家下班的高峰期，大家也正在公交车上、回家的路上，用手机刷视频的用户也特别多，一天的工作下来身心俱疲，需要通过手机来排减压力。此时，运营者可以好好抓住这个时间段，发布一些自己产品相关的内容，或者发一些引流视频。

（4）晚上20:30—22:30

晚上20:30—22:30大家都吃完饭了，有的躺在沙发上看电视，有的躺在床上休息，大家的心已经静下来了，睡前刷视频可能已成某些年轻人的生活习惯。所以，此时运营者选择发布一些偏向情感的内容，最容易打动粉丝。

5.2　多个发布渠道，获得更多流量

众所周知，西瓜视频和今日头条同属头条系应用，它们之间可实现联动，从而吸引更多的流量。

5.2.1　发布渠道之一，西瓜创作平台

西瓜创作平台是运营者常用的发布渠道之一，同时它也是西瓜视频官方推出的网页端后台。下面具体介绍在西瓜创作平台发布视频的方法。

步骤 01 进入西瓜创作平台，单击"发布视频"按钮，如图5-11所示。

图 5-11　单击"发布视频"按钮

步骤 **02** 操作完成后，跳转至视频上传界面，按照图中要求上传视频文件，如图5-12所示。

图 5-12　上传视频文件

步骤 **03** 操作完成后，跳转至视频信息编辑界面。运营者按照要求补充视频标题、封面，填写详细信息，完善发布设置，单击"发布"按钮，即可完成视频发布操作，如图5-13所示。

图 5-13　视频信息编辑界面

5.2.2　发布渠道之二，西瓜视频App

如果运营者是手机用户，那么用西瓜视频App发布视频是最便捷的。同时，使用这种方式发布视频的操作也很简单，大致分为3步。

步骤 01 打开西瓜视频App，❶点击导航栏上的"发布"按钮，跳转至作品发布界面；❷点击"上传"按钮，如图5-14所示。

图 5-14　西瓜视频主界面（左）与作品发布界面（右）

步骤 02 跳转至文件选择界面，点击想要选取的视频文件，如图5-15所示。

步骤 03 跳过剪辑界面，跳转至"发布视频"界面，完善视频标题、封面、原创标志等内容，点击"发布"按钮，如图5-16所示。

图 5-15　文件选择界面　　　　　图 5-16　"发布视频"界面

5.2.3 发布渠道之三，头条号后台

头条号后台的操作逻辑与西瓜创作平台一致，甚至界面相似度也极高，下面对头条号后台只做简单介绍。

步骤 01 打开头条号后台，依次选择"创作"|"视频"选项。

步骤 02 操作完成后，进入"发布视频"界面，按照界面中的要求上传视频文件，如图5-17所示。

图 5-17 "发布视频"界面

步骤 03 操作完成后，依次完善视频信息，单击"发布"按钮，如图5-18所示。

图 5-18 单击"发布"按钮

5.3 了解发布设置，玩转西瓜视频

西瓜创作平台现已上线封面编辑、添加专属水印等功能，下面将结合笔者自身经验进行简单介绍。

5.3.1 视频封面模板，轻松在线制作

运营者可以自行用图片处理工具制作好看的、符合平台规范的视频封面，也可以在西瓜视频后台在线制作视频封面。下面以后者为例进行具体介绍。

步骤 01 运营者在完善视频信息时，单击"上传封面"按钮，如图5-19所示。

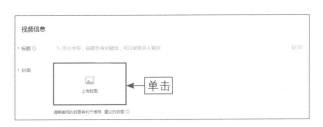

图 5-19 单击"上传封面"按钮

步骤 02 跳转至"封面截取"界面，❶选择效果最好的图片；❷确认无误后单击"下一步"按钮，如图5-20所示。

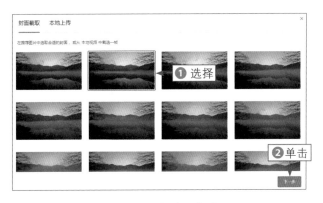

图 5-20 "封面截取"界面

步骤 03 跳转至"封面编辑"界面，调整图片大小，使其比例符合16∶9，单击"完成裁剪"按钮，如图5-21所示。

步骤 04 运营者可进行多种操作，比如添加封面模板，还可以添加贴纸、文字和滤镜。操作完成后，单击"确定"按钮，即可将制作好的封面添加到视频信息界面，如图5-22所示。

图 5-21 "封面编辑"界面

图 5-22 添加封面到视频信息界面

5.3.2 添加专属水印，打上个人标记

若运营者上传的视频为原创视频，不妨添加一个专属水印，如图5-23所示。

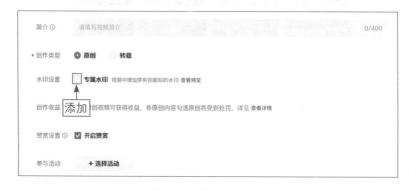

图 5-23 添加专属水印

当运营者为发布的视频添加水印后，用户在观看视频时，可在视频上看到专属水印，如图5-24所示。这个功能除了可以减少原创视频被盗的概率，在一定程度上还能吸引一些粉丝。

图 5-24　添加专属水印的视频

5.3.3　更多小功能，方便运营者

除了以上提到两个功能，西瓜创作平台还提供了一些小功能，在引流等方面它们能帮不少忙。

（1）视频信息规范

以西瓜视频为例，官方推荐的横屏视频宽高比例为16∶9、18∶9和21∶9，至于视频时长、大小和支持格式如表5-3所示。

表 5-3　西瓜视频信息规范

视频时长	通过西瓜视频App上传的视频，时长最长可达10分钟，导入视频直接上传不能少于3秒，剪辑的视频需要在15分钟以内；在计算机端上传视频则无时长限制
视频大小	建议上传分辨率1920×1080的作品，通过在计算机端利用西瓜创作平台及头条号后台上传视频，文件大小不超过32GB，通过手机端的西瓜视频App上传视频，文件大小不超过4GB
视频格式	在计算机端上传视频，支持MP4、WMV、AVI、MOV、DAT、ASF、RM、RMVB、RAM、MPG、MPEG、3GP、M4V、DVIX、DV、MKV、VOB、QT、CPK、FLI、FLC、MOD、TS、WEBM、M2TS等格式；在安卓手机上传视频，仅支持MP4、FLV、MOV、MPEG格式，而使用iOS系统的手机上传视频，则只要相册能显示的视频，无论何种格式都可上传

此外，西瓜视频App与西瓜视频计算机端都已支持4K视频播放。由于4K清晰度对网络和设备性能要求较高，为了保证播放体验，目前仅部分设备和浏览器支持4K清晰度播放，如表5-4所示。因此，运营者在预览视频时要留意自己的设备性能与浏览器。

表5-4　支持4K清晰度播放的设备或浏览器

设备/浏览器	设备/版本要求
安卓手机	安卓系统版本号大于或等于9
苹果手机	系统版本大于或等于10，且仅支持iPhone 7及以上设备
西瓜视频计算机端	推荐Chrome浏览器，版本号大于或等于78； 也可使用Chromium内核的浏览器（例如360极速浏览器等），版本号也要大于或等于78

自2020年5月20日后，只要运营者上传的原始视频达到2K、4K分辨率，视频发布成功后即可支持2K或4K清晰度播放，如表5-5所示。此外，根据西瓜视频官方的说法，上传高清晰度的视频容易获得更多推荐。

表5-5　2K、4K视频分辨率要求

分辨率	2K	4K
原始视频分辨率最低要求	视频短边（视频高）大于或等于1095，长边（视频宽）大于或等于2040	视频短边（视频高）大于或等于1560，长边（视频宽）大于或等于3640
推荐分辨率	推荐上传短边大于或等于1440的视频	推荐上传短边大于或等于2160的视频
推荐码率	如果是H264编码，码率要大于12000kbps；如果是H265编码，码率要大于8000kbps	如果是H264编码，码率要大于20000kbps；如果是H265编码，码率要大于16000kbps
上限限制	西瓜创作平台不限制上传视频的最高分辨率和码率	

在视频帧率（视频帧率是用于测量显示帧数的量度，测量单位为每秒显示帧数）方面，视频帧率越高，则代表视频播放越流畅，画面越逼真，同时还能给用户带来更好的体验。西瓜视频等中、长视频平台不限制视频帧率，并且推荐运营者上传高帧率视频，不过目前西瓜视频支持的最高帧率为120帧，并且用户设备硬件能以120帧的帧率播放视频（如小米手机11系列、OPPO Find X3系列等）。

（2）定时发布视频

当运营者摸准用户作息时间后，在发布视频之前可以设置一个定时发布视频的任务。使用西瓜视频的"定时发布"功能中，运营者能将时间精确到分钟，如图5-25所示。

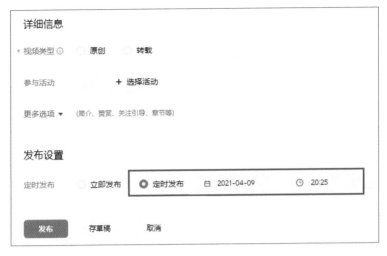

图 5-25 "定时发布"功能

（3）添加扩展链接

如果运营者在头条号后台发布视频，那么在发布视频前可添加用作引流或变现的扩展链接，如图5-26所示。

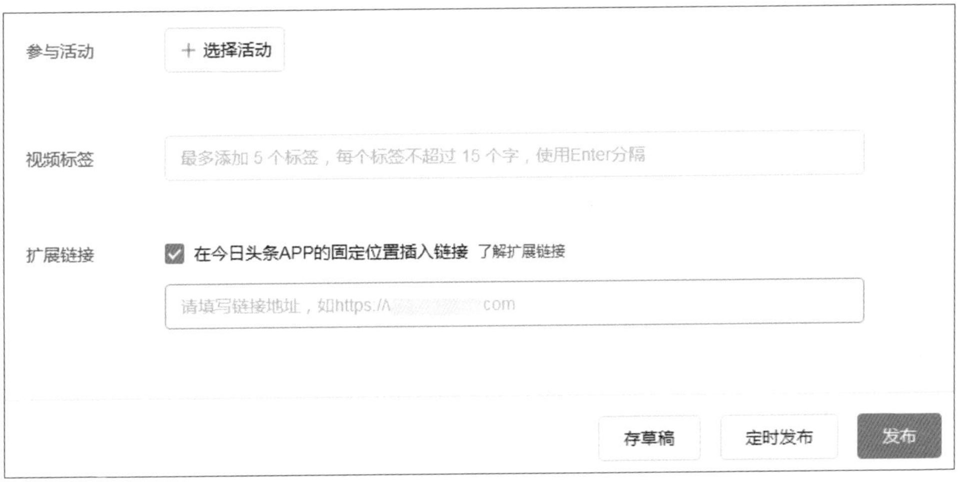

参与活动   ＋ 选择活动

视频标签   最多添加 5 个标签，每个标签不超过 15 个字，使用Enter分隔

扩展链接   ☑ 在今日头条APP的固定位置插入链接 了解扩展链接

请填写链接地址，如https://\.___.com

存草稿   定时发布   发布

图 5-26 添加扩展链接

【平台运营篇】

第6章
西瓜视频：持续发力中、长视频

  在中视频概念"火"起来之后，一向不大"火"的西瓜视频，瞬间走入了运营者们的视野。然而，在西瓜视频平台上，营销账号何其多，那么如何让运营者的账号从众多账号中脱颖而出，快速被用户记住呢？方法很简单，就是通过数据分析，为账号打上自己的标签。

6.1　看清具体区别，中、短视频比较

近两年，短视频蓬勃发展，以快手、抖音为首的短视频平台，将短视频产业的发展推向了一个高潮。虽然短视频已经成为营销的一种重要途径，但某些平台和部分运营者却发现短视频越来越不能满足营销需求了，于是中视频成了短视频之后的又一个香饽饽。

虽然中视频和短视频只有一字之差，但两者之间存在一些差别，尽管这些差别在某些人看来不明显。具体来说，两者的差别主要体现在时间长度、展现形式、视频内容、运营及生产者和用户5个方面。

6.1.1　时间长度，相对宽裕

短视频的时间长度相对较短，大部分短视频平台时长要求是限制在60秒以内，有的短视频平台中甚至将时间长度限制在15秒以内。不过，抖音、快手、西瓜视频及视频号等平台早已放宽限制，虽然这些平台仍然打着短视频的标签，但部分内容实际上属于的"中视频"范畴了，如图6-1所示。

图 6-1　抖音（左）与西瓜视频（右）平台上的中视频

中视频的时间长度则在1分钟至30分钟，这个时间长度可以容纳更多内容，甚至可以说，3条中视频的内容可以抵得上一部电影了（标准的电影时长为90分钟）。相对短视频而言，很显然，中、长视频的时间要长一些，用户创作的难度也高一些。

6.1.2 展现形式，以横屏为主

在许多平台中，短视频主要是以竖屏的形式进行展示的，只有少数短视频会用横屏；而中视频则正好相反，它的展现形式以横屏为主，竖屏为辅。相比之下，短视频的竖屏展现形式，更容易让观看视频的用户沉浸进去，如图6-2所示。

图 6-2　竖屏类的短视频（左）与横屏类的中视频（右）

6.1.3 视频内容，以知识为主

从视频内容的类型来看，短视频主要是娱乐和生活类的内容，并且大多故事情节很简略；而中视频则更多的是科普和知识讲解类的内容。如图6-3所示，左图为抖音短视频，右图为西瓜视频上的中视频，我们能轻易地分辨出来。左图短视频拍摄的是关于猫咪撒娇的娱乐类内容，而右图的中视频讲的是关于基金的知识。

从视频的节奏来看，短视频的节奏比较快，有的短视频用户

图 6-3　抖音短视频（左）与西瓜中视频（右）差异

看完之后还不明白要讲的是什么；而中视频节奏则相对缓慢，能够将运营者和生产者的意图更好地展现出来。

6.1.4 运营及生产者，专业生产内容

短视频采取的基本都是用户原创内容（User Generated Content，UGC）模式，平台用户就是账号运营者和内容生产者。因此，其运营和生产者的专业性往往较低，更多的只是记录自己的生活，并且视频更新频率也没有一定的规律。

中视频采取的是专业生产内容（Professional Generated Content，PGC）模式，账号运营者和内容生产者有扎实的专业功底，专注于某领域生产高质量的内容。因此，在这种模式下生产出来的中视频质量相对高，而且运营者还会以相对固定或有规律的频率进行更新。

6.1.5 中视频用户，可提升自己

许多用户都会利用碎片化时间观看短视频，这些用户观看短视频仅仅是为了获得心理上的愉悦，看过的内容也不会有特别深的记忆。而中视频的内容具有一定的专业性，用户通常能从中获得一些知识或信息，对于有价值的中视频，他们可能还会选择收藏起来。

6.2 中视频的发展，机遇与挑战并存

虽然大家一致看好中视频的发展，但大家过于乐观了。在中视频的发展道路上，运营者不仅面临着机遇，同时挑战也接踵而至，下面将介绍中视频遇到的机遇与挑战。

6.2.1 回顾当下，捋清关系

从2020年开始，视频领域新入驻的玩家越来越多，微信团队基于微信强大的生态，开始进军视频领域，知乎高调宣布自己往视频方向发展的"海盐计划"，百度决定以短视频为突破口打通壁垒，西瓜视频正式提出和发展"中视频"概念，B站自制网剧大获成功……

我们可以预见的是，未来的视频领域竞争会更加激烈，这将是一场胜者为王的厮杀，有的平台会跻身王者之列，而有些平台会黯然收场。无论结果如何，商业场上的故事一如既往地上演着，以一句"月子弯弯照九州，几家欢乐几家愁"形容，再恰当不过。

（1）运营者与用户的关系

随着"中视频"概念的提出，视频领域开始出现了新赛道，其中的佼佼者便是西瓜视频和B站（姑且将B站算上，但笔者不认为B站是一个纯粹的中视频平台，甚至不是一个纯粹的视频平台，后续笔者会进行具体分析）。

B站文化氛围浓厚，尤其"吐槽文化"可谓深入人心，无法融入这种文化氛围的用户，自然难以在B站主流中站稳脚跟。加之，YouTube中视频平台被中国长城防火墙（Great Firewall of China，GFW）阻隔，这面无形的墙阻隔了西方势力和思想的入侵，但也在无形之中给了西瓜视频一个巨大的机遇。

当然，除了B站与YouTube这两大平台给西瓜视频留出了一条巨大的赛道，西瓜视频能得到发展机遇，与自身平台的特点也密切相关。与B站相比，西瓜视频没有文化壁垒，受众面要比B站广，用户年龄段分布以中年人为主。

（2）平台发展与运营者的关系

2020年，除了直播带货颇受运营者青睐，知识类中视频也得到了长足发展。以罗教授为例，他本是某大学的法律学教授，因幽默生动的授课方式意外走红。之后，他入驻B站，仅仅数天获得了400多万人的关注。迄今为止，他依然在B站"笔耕不辍"，继续更新刑法知识中视频，粉丝量也飙涨到了1200多万，他因此获得了B站2020年度"最高人气奖"，如图6-4所示。

图6-4 罗教授的主页（左）与视频（右）

　　罗教授的走红与成功，给中视频发展指明了另一种可能。罗教授不仅以渊博的知识与清晰的思维，给网友们普及了法律知识，他还开始了知识变现，比如视频下方会推荐某些法律书籍，还会推出付费课程，如图6-5所示。

图 6-5　视频下方推荐的法律书籍（左）与付费课程（右）

　　与此同时，西瓜视频也开始大力扶持知识类中视频运营者，推出了一系列官方活动，带动运营者的创作能力。如图6-6所示为西瓜视频与抖音共同举办的"知识创作人"系列活动。

图 6-6　西瓜视频与抖音共同举办的"知识创作人"系列活动

6.2.2　视频中场，复兴的前奏

　　随着抖音时长权限的开放，以及西瓜视频对发布中视频的定义，虽然笔者前面已对比过中、短视频，但从全局来看，估计许多读者对短、中、长视频的共同点与不同点已有些混淆了。下面通过表6-1帮助读者快速理清这三者的关系。

表6-1　短、中、长视频的共同点与不同点

类别	短视频	中视频	长视频
时长	1分钟以内	1～30分钟	30分钟以上
生产模式	用户生产内容	专业生产内容	职业生产内容
展现形式	竖屏	横屏	横屏
国内平台代表	抖音、快手	西瓜视频、B站	优酷、爱奇艺
海外平台代表	TikTok	YouTube	Netflix、Disney+
主要视频类型	创意类	知识类	影视、综艺
平台盈利模式	广告与直播	广告与直播	会员付费与广告

6.2.3　中视频发力，将成爆发点？

当长视频与短视频战场饱和之后，大家的目光开始聚集到了中视频上，许多运营者越来越重视中视频领域。中视频不仅能容纳更多的内容，还是一片竞争力相对小的领域，成了运营者心中新的爆发点。下面笔者从两个方面具体分析中视频会逐渐发力，成为爆发点的原因。

（1）中视频是真蓝海，还是造概念？

许多运营者错过了短视频红利，在面对中视频"大热"之际，心中却打起了退堂鼓，不禁怀疑："中视频到底是真蓝海（未知市场），还是造概念？"我们可以从西瓜视频老总的谈话中一窥其真面目：

在时长方面，中视频主要用1分钟到30分钟讲述内容。在这个时长里，创作人可以完整地讲述一件事情，表达更加连贯、从容，用户也可以获得更大的信息量，加深记忆。

在形式方面，不同于短视频以竖屏为主，中视频绝大部分是横屏的。横屏画幅更宽广，呈现的视觉信息更丰富，更接近人眼中的世界。

在生产方面，中视频的创作人里，PGC占比更高。这意味着，中视频有一定的制作门槛，需要创作人投入专门的精力。

——摘自西瓜PLAY好奇心大会上的谈话

从这3段话中，我们可以了解，中视频或许可以促使视频产业的变革，让视

频承载更多的内容，甚至可以提高运营者的创作深度。与此同时，视频不再是短视频和长视频的天下，它的种类和商业形态将变得更加丰富。

根据西瓜视频老总透露："中视频观看时长占抖音总时长的比例已经超过20%，同时西瓜视频内部估算数据也显示，目前中国用户每天观看中视频的总时长，已经超过短视频时长的一半，也是长视频时长的两倍，数据仍在快速增长中。"

虽然我们从他的话中能看出中视频隐藏着无限的潜力，是下一个爆发点，但运营者同时需要留意的是，中视频与短视频、长视频不同，后两者都具有专业平台，比如抖音、快手等平台主打短视频，优酷、爱奇艺等平台主打长视频，而中视频的需求却被分散在各个平台，抖音在扶持中视频，B站也有中视频……正因为需求碎片化，才会导致中视频短时间内难以超越短视频和长视频。

（2）西瓜视频+抖音+剪映，头条系应用强强联合

在很多运营者看来，视频时间的长短并不是他们关注的重点，他们关注的是中视频剪辑素材、平台氛围、流量池大小及平台商业变现能力。以B站为例，它的中视频创作可谓百花齐放，各类爆笑、温情、科普类中视频接二连三走进大众视野，成了大家喜闻乐见的网络文化。归根到底，B站能吸引这么多运营者入驻，除了它破圈之后"迷人"的商业吸金能力，更多的还是依赖它的原创氛围。

西瓜视频在中视频上可谓煞费苦心，先是开始打造全新的内容场景，重点在知识、科普和母婴等细分领域布局。然后，西瓜视频与头条系应用联合，将抖音、火山小视频的精准流量引入西瓜短视频中。此外，最值得关注的是，西瓜视频将会以剪映作为官方剪辑工具，并且开发了iPad版和Mac版剪映，降低中视频运营的剪辑门槛，为他们的中视频创作提供便利。在此基础上，西瓜视频、抖音和剪映合作，将会推出一个免费的版权素材库，降低运营者的侵权风险，如图6-7所示。

图6-7 免费的版权素材库

6.2.4 B站与西瓜视频，二者的路线之争

在中视频概念引发人们的关注之际，在外界看来，西瓜视频和B站是最有可能成为中国版YouTube的，但B站首席执行官（CEO）却说B站要成为中国版迪士尼。可见，B站自从2020年初"破圈"之后，一路高歌猛进，雄心勃勃，大有碾压西瓜视频之势。

事实上，自西瓜视频定义"中视频"概念后，到2020年第3季度，B站首席执行官（CEO）在接受采访时依然吐露心迹，言语中并不认可西瓜视频对"中视频"的定义与标准。

从B站首席执行官（CEO）的回应来看，我们可以清晰地看出，西瓜视频与B站之争的论点已经不是"中视频"的概念，而是这两个平台之间的路线之争了。具体来说，B站是一个综合文化社区，它有短视频、中视频、长视频（动漫、综艺、影视剧等）和图文动态等多种内容形式。尤其是B站自制综艺《说唱新世代》、《守护解放西》与网剧《风犬少年的天空》播出之后，大受欢迎，成为当时的热门话题。其中，《风犬少年的天空》作为B站出品的首部青春剧，播放量过亿，如图6-8所示。

但是，B站此路线让人感觉似曾相识，因为西瓜视频曾走过这条路线——2018年西瓜视频部署新战略，斥巨资打造原生移动综艺。2020年，字节跳动以6.3亿人民币的巨资，买下院线电影《囧妈》的版权，在西瓜视频等头条系App上免费播放，如图6-9所示。

图 6-8 庆祝《风犬少年的天空》播放量过亿的海报

图 6-9 西瓜视频等头条系 App 可免费观看《囧妈》

正当大家以为西瓜视频会走上优酷、爱奇艺的长视频道路时，它却转头奔向了中视频赛道。据说是其内部否决了长视频战略，决定在它最擅长的中视频领域发展。

其实，B站与西瓜视频的路线很明了，并不像某些人说的那么玄乎，B站走的社区文化路线，它今后依然会朝多个方向全面发展。而西瓜视频属于头条系

App，必然不可能与之齐头并进，而是会在中视频领域里深耕，以免在定位上与抖音、今日头条等头条系其他App形成竞争关系，造成无谓的内部消耗。

6.2.5　中视频展望，它究竟能走多远？

截至2020年9月，我国短视频行业用户月活跃数量已高达8.59亿，在线视频行业用户月活跃数量也保持在8.45亿的规模。在短视频与长视频一争天下之际，中视频突然浮出水面。那么，短、中、长视频会不会形成三足鼎立的局面呢？或者说，中视频到底能走多远呢？

（1）一个陌生而又熟悉的领域

如果按照西瓜视频给出的定义——"介于长、短视频的PGC产品"，那么中视频便不是一个新鲜的概念，也不是一个新鲜事物，它无时无刻不出现我们的身边。据相关机构统计，YouTube上所有视频的平均长度超过了10分钟，而且它的大部分视频长度都在5～25分钟；卡思数据曾经统计过B站3天内的100条热门视频时长，发现0～3分钟的视频只有23%，77%的热门视频时长全是3分钟以上，如图6-10所示。加之，YouTube与B站都是PGC模式的视频平台，因此中视频领域其实是大家都很熟悉的一个领域，并没想象中那么陌生。

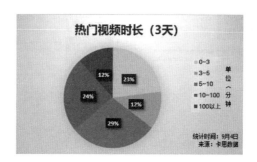

图 6-10　B 站 3 天热门视频时长统计

（2）中视频能兼顾内容的深度与丰富性

不仅西瓜视频重新布局中视频，其他平台也有动作。据不完全统计，布局中视频的平台大致有微博、百度、知乎、爱奇艺等。由此可知，入局中视频领域的平台已经足够多了，而它们之中谁会胜出，除了取决于中视频的内容，还和它的变现能力有关。

6.2.6　中视频兴起，知识类创作人的狂欢

前文已经提过，随着"中视频"概念的确立，知识与科普类中视频迎来了红利时期。与其他平台相比，西瓜视频用户以男性居多，尤其是35岁左右的青年居

多，在浮躁的工业化时代，他们很难静下心来学习，于是观看知识类中视频成了他们扩展知识面和提升自己能力的一种方式。

在西瓜PLAY好奇心大会上，西瓜视频老总举了一个生动的例子。"×××笔记"账号的运营者是一个大型远洋货船的船长，他在西瓜视频上以中视频的形式记录了他远渡重洋的日常生活。在他的中视频里，用户不仅能了解大型远洋货船的内部空间，看到海港熹微的晨光，还能从中学到很多航海和货船知识，如图6-11所示。

图 6-11　"×××笔记"账号发布的中视频

6.3　中视频数据分析，优化提升内容

数据能在一定程度上反映内容的质量或受用户欢迎的程度，从而促使运营者下定决心优化和提升中视频内容。在本节中，笔者将从推荐量、播放量、用户性别、用户年龄、分布地域、用户职业、访问量和品牌熟悉程度来具体分析西瓜视频数据。

6.3.1　特别关注数据，可做直接分析

运营者在运营账号的过程中，视频内容既是运营的重心，也是用户熟悉、接受产品和品牌的重要途径。因此，运营者需要对视频内容进行重点关注——不仅要策划、收集、制作，更要对自己运营的内容进行评估，以便确定未来的账号定位和内容运营方向。下面以"手机摄影构图大全"西瓜视频账号为例，从推荐量

和播放量等方面来分析。

（1）中、长视频推荐量

在西瓜视频平台上，推荐量都是一个非常重要的数据，能在很大程度上影响视频的播放量。当然，推荐量这一数据与文章质量紧密关联：质量好，契合平台推荐机制，那么当天发布的视频推荐量就多；质量差，不符合平台推荐机制，那么当天发布的视频推荐量就少。

那么，推荐量究竟是什么呢？推荐量就是平台系统得出的关于发布的视频会推荐给多少用户来阅读的数据。这一数据并不是凭空产生的，而是系统通过诸多方面的考虑和评估给出的，影响推荐量的主要因素有该账号在最近一段时间内发布视频的情况、中视频内容本身的用户关注热度等。

运营者可以通过登录头条号后台或西瓜中视频助手进行查看。这里以头条号后台的西瓜视频相关数据来进行介绍。

在头条号后台的"西瓜视频"界面中，运营者可以在内容管理界面查看每一条视频内容的推荐量。如图6-12所示为西瓜视频上"手机摄影构图大全"中视频的推荐量展示。

图 6-12 "手机摄影构图大全"中视频的推荐量展示

（2）中、长视频播放量

在平台的数据分析中，有多个与播放量相关的数据，即昨日播放量、昨日粉丝播放量、累计播放量、累计播放时长（分钟）等。关于具体视频的播放量，运营者可以在"内容管理"界面的推荐量旁查看，它表示有多少用户在该平台上观看了这条视频。

其他3项播放量，运营者可以在头条号后台"西瓜视频"的"数据分析"界面的"昨日关键数据"区域中查看，如图6-13所示。

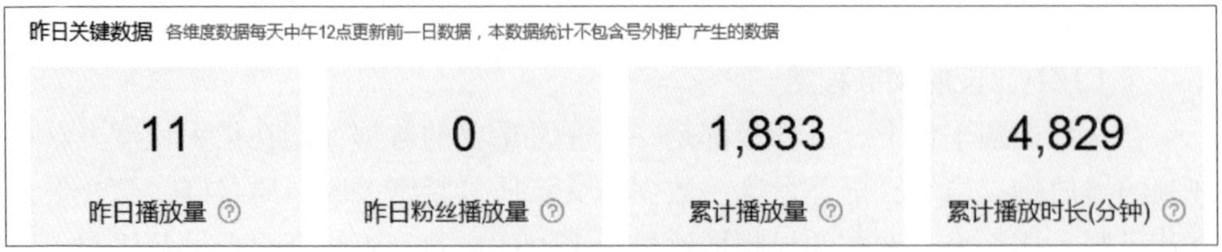

图 6-13 昨日关键数据

其中，“昨日播放量”指的是昨日有多少用户观看了该视频；而“昨日粉丝播放量”指的是有多少已成为自身账号粉丝的用户在昨日观看了该视频。就这样把每一天的“昨日播放量”相加，就成了“累计播放量”。

当然，对于“昨日播放量”和“昨日粉丝播放量”，平台每天都有记录，这样就构成了“数据趋势图”中的“播放量”和“粉丝播放量”数据，如图6-14所示。其中，运营者可以查看30天内的数据。

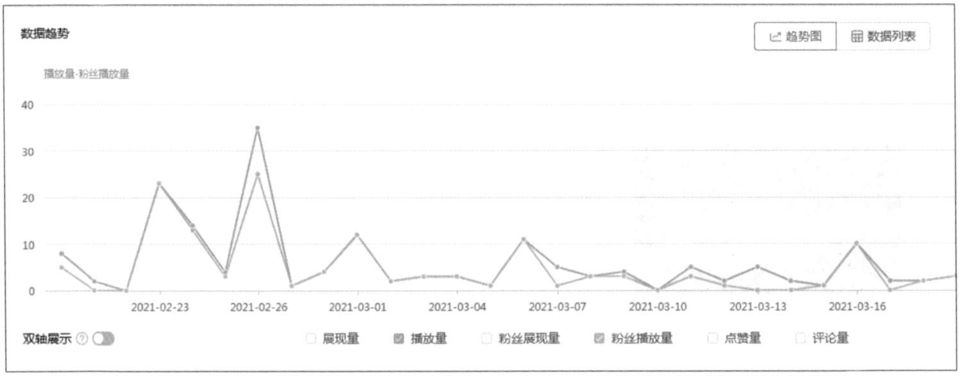

图 6-14 “数据趋势图”中的“播放量”和“粉丝播放量”

6.3.2 了解平衡手段，利用长尾效应

长尾效应（Long Tail Effect），指的是在数据正态曲线分布图中，大多数需求集中在其头部，而个性化的需求体现在其尾部。当运营者在分析数据时，可以适当利用长尾效应，平衡用户的大多数需求和个性化需求。

（1）收藏量和转发量

在头条号后台“西瓜视频”的“数据分析”界面，在“每日创作者视频总计数据明细表”和“每日发布视频实时统计数据明细表”中，除了“播放量”和“播放时长（分钟）”，二者共有的数据还有“收藏量”和“转发量”。

① 收藏量：表示的是有多少用户在观看了视频之后，想要将视频内容进行收藏，以备后续观看。这一数据代表了用户对内容价值的肯定。试问，如果用户

觉得视频内容没有价值，那么他还会收藏一条毫无价值和意义的视频吗？答案当然是否定的。

对运营者来说，要想增加收藏量，首先要提升视频内容的推荐量和播放量，并确保中视频内容有实用价值。只有高的推荐量和播放量，才能在大的用户基数上实现收藏量的提升；只有视频内容有实用价值，比如能提升用户自身技能、能用在生活中的某一方面等，才能让用户愿意收藏。

② 转发量：与收藏量一样，转发量也是可以用来衡量视频内容价值的。它表示的是有多少用户在观看了视频之后，觉得它值得分享给别人。一般来说，用户把观看过的中视频转发给别人，主要基于两种心理，如图6-15所示。

图 6-15　用户转发观看过的中视频的心理动机分析

同时用来衡量中视频内容的价值，转发量与收藏量还是存在差异的，转发量更多的是基于内容价值的普适性而产生的。从这一点出发，运营者想要增加转发量，就应该从 3 个方面着手打造中视频内容，提升视频内容的价值，如图 6-16 所示。

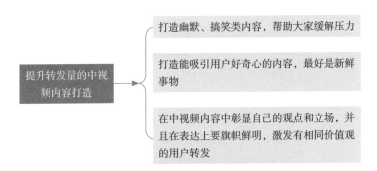

图 6-16　提升转发量的中视频内容打造

（2）中、长视频点赞量

在中视频平台上，点赞量可以说是评估中视频内容的重要数据。对用户来说，只要视频中存在他们认可的内容，就会主动点赞。比如，用户会因为视频中所包含的正能量而点赞，也会因为其中所表露出来的某种情怀而点赞，还会因为主播某方面出色的技能而点赞，更有可能因为视频中漂亮的小哥哥小姐姐而点赞……

不同的账号、不同的内容，其点赞量的差别很大，某些"大V"账号的点赞量可以达数百万、数千万，某些小账号的点赞量甚至有可能为0。对于点赞量，运营者当然希望越多越好，但在评估运营内容时，还需要把总点赞数和具体内容的点赞数结合起来衡量。

其原因就在于，某一账号的点赞数可能是由某一条或两条中视频撑起来的，其他中视频内容的点赞数平平。此时，运营者就需要仔细分析点赞数高的中视频内容，到底它们有哪些方面是值得借鉴的，并按照所获得的经验一步步学习、完善，力求持续打造优质的中视频内容，提升整体的内容价值。

6.3.3 分析用户属性，关注性别、年龄

性别和年龄这两个属性非常重要，男性用户与女性用户的喜好可以说天差地别，年龄不同的人群其喜好和审美特点也呈阶梯状分布。因此，这两个属性能在一定程度上决定内容的火爆程度。

（1）关注性别

由于行业及视频内容不同，该账号的用户性别属性也会存在相同点和不同点。而运营者要做的是从这些共性的性别属性中，确定视频平台账号目标用户群体的性别属性。如图6-17所示为西瓜视频上两位运营者的用户性别分布图。

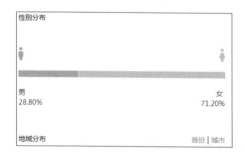
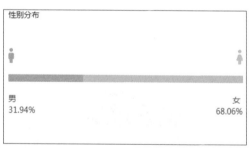

图 6-17　两位运营者的用户性别分布图

这两位运营者专注于美妆领域，在他们的用户性别分布图中，女性用户占比明显远远多于男性用户占比。可见，在西瓜视频上，美妆类账号的用户大多以女性为主。基于此，运营者可能要基于用户性别分布情况，制定不同于公众号、头条号等平台的内容运营策略，增加更多适合女性用户的美妆内容。

（2）关注年龄

如图6-18所示为西瓜视频上两位运营者的用户年龄分布图，将鼠标指针移至占比最大的年龄段色块上，可显示该年龄段的用户占比数据。

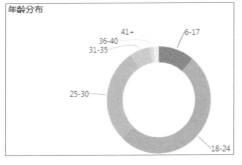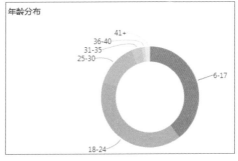

图 6-18　西瓜视频账号的用户年龄分布图

　　同样，这两位运营者也专注于美妆领域，在其账号的用户年龄分布图中，左图占比最多的是18～24岁这一年龄段内的用户，几乎占一半；右图占比最多的是6～17岁与18～24岁这两个年龄段的用户。然而，无论是6～17岁，还是18～24岁这一年龄段，都可以表明这两个账号的用户年龄大多在18～30岁，偏向年轻群体。可见，这两位运营者发布的中视频内容是符合平台整体的用户定位的，因而获得了大量用户关注。

　　总而言之，运营者可以根据自身情况，在分析这些用户数据的情况下，安排后续的中视频内容，打造出符合用户偏好和能满足用户需求的内容。

6.3.4　查看用户分布，关注地域职业

　　用户的地域分布与职业，决定了他们的收入水平，同时也影响了他们在中视频平台上的购买能力，下面笔者对这两方面进行具体分析。

　　（1）关注地域

　　如图6-19与图6-20所示，为西瓜视频上某两位运营者的用户地域分布图。在地域分布图中，运营者可以一一查看"省份"和"城市"两类分布数据情况。

　　由图6-19与图6-20可知，在这两个账号的用户地域分布中，"省份"分布图显示占比最多的都是广东省，并且都在11%～13%，远多于其他省份；"城市"分布图显示占比排名前十的是经济发达的城市，特别是北京、上海、广州、深圳、成都和重庆六大城市，在这两个账号的用户地域分布中都出现在前十的排名中。

　　因此，运营者可以基于这些省份和城市的用户属性和工作、生活，进行资料的搜集和整理。最后进行归纳总结，安排一些目标用户可能感兴趣的内容，相信这样可以吸引更多的用户观看。

地域分布	省份 城市
名称	占比
广东	11.36%
江苏	8.06%
浙江	6.43%
山东	6.04%
河南	5.53%
四川	5.40%
安徽	4.05%
湖南	4.02%
河北	3.88%
辽宁	3.68%

地域分布	省份 城市
名称	占比
北京	5.47%
上海	5.25%
广州	4.61%
成都	4.46%
重庆	4.08%
深圳	4.00%
杭州	2.96%
武汉	2.83%
西安	2.72%
苏州	2.58%

图 6-19　用户地域分布（其一）

地域分布	省份 城市
名称	占比
广东	13.49%
四川	7.04%
江苏	6.03%
浙江	5.87%
山东	5.60%
河南	5.24%
湖南	4.64%
湖北	4.10%
福建	3.77%
广西	3.70%

地域分布	省份 城市
名称	占比
重庆	5.68%
成都	4.91%
北京	4.79%
广州	4.51%
深圳	4.30%
上海	3.77%
武汉	2.43%
西安	2.37%
长沙	2.01%
杭州	1.99%

图 6-20　用户地域分布（其二）

（2）关注职业

上文已基于两个西瓜视频账号的数据对用户属性进行了分析，其实除了这些信息，运营者还应该了解更多的用户数据和属性。下面就从西瓜视频用户的职业出发来进行介绍。

大家都知道，西瓜视频用户大多是30～35岁的青年人，这群人极有可能是从事各行各业的工作者。而这样的一群人是有着鲜明特征的一群人——他们为生活所累，比较守旧，不像抖音用户那么年轻和活泼。从这一基于用户属性的特征和需求出发，运营者在平台上发布符合他们需求的优质中视频内容，必然是受欢迎的。

6.3.5　提升能力，关注访问量

现在是全民玩新媒体的时代，不管是用户，还是商家，大家都在积极参与。玩新媒体的人可以分为两种，第一种人是单纯带着娱乐性质在玩，第二种人是想要利用新媒体平台进行营销，并获得收益。

　　下面以西瓜视频为例，具体分析第二种人。从用户访问量这方面来看，利用访问量为新媒体内容助力，让用户更加了解品牌产品，是运营者的首要目标。此处的访问量在西瓜视频平台指的是用户点击量和视频播放量。很多运营者都有疑问："当我将精心编辑的中视频发布到西瓜视频平台后，几个小时过去了，发现还是只有寥寥数个浏览量，这是为什么？"

　　这个现象很容易解释，现在很多新媒体平台奉行一个原则——马太效应（Matthew Effect），即"强者恒强，弱者愈弱"。网红拥有庞大的粉丝群体，一旦他们发布新作品，粉丝就会迫不及待去观看、评论、点赞和转发，这就是"强者恒强"原则的体现。这些粉丝就是他们访问量的根本保障，只要中视频的播放指标达到西瓜视频平台规定的播放量，他们的中视频就会上热门。

　　大家在西瓜视频平台的"推荐"中刷视频时，不仅能刷到高点赞量、高评论量的中视频，还会刷到点赞量和评论量都比较少的中视频。当刷到这类中视频时，就意味着你是流量池中的初始用户，如图6-21所示。只要中视频中的情节或场景可以打动初始用户，这条中视频就有可能被点赞、评论和转发，从而达到营销推广的效果。不过，商家想要这条中视频"火"的概率变得更大的话，还需要注意以下几点。

图 6-21　西瓜视频首页推荐视频相关数据

（1）添加创意

　　如图6-22所示为制作蛋包饭的中视频，第一张图的运营者展示的操作步骤详细很多，但视频却没有"火"起来；第二张图的运营者将创意融入了中视频中，将蛋包饭做成了小熊盖被子的形象，点赞数达到了几十万，这就是加创意和不加创意的结果。

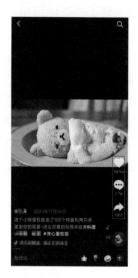

图 6-22　蛋包饭中视频

才艺、技能、情感、戏剧冲突等都是能引发创意的元素，它们可以让中、长视频焕发魅力。如果视频中有帅哥美女，再加上创意内容，中、长视频"火"的概率会更大。如图6-23所示为某运营者发布的中视频，主角看到一个背影优雅，身材窈窕出众的小姐姐，前往搭讪，结果她转头大大咧咧地说起不讲究的话，给人一种强烈的反差感。

图 6-23　颜值 + 创意案例

（2）添加剧情

如果运营者只是个长相普通的人，就需要在内容方面多花心思，在中视频中添加一些反转或新奇的剧情。在剧情的加持下，中视频"火"的概率就能得到很大的提高。很多没有粉丝基础的运营者翻拍热门视频，点赞量也是直接上万或几十万。在获得点赞的同时，他们也收获了很多粉丝。除了大众模仿，运营者还可以将热点内容进行改编，或许可以获得意想不到的效果。

等过渡期过去了，运营者只要持续按照该方法进行营销，也可以成为下一个网红。当运营者成为网红之后，也就有了粉丝基础，上热门也就是轻轻松松的事了。有了访问量为中视频助力之后，运营者就可以向粉丝群体推广品牌产品了。此时，打广告就是一件很简单的事了，只需用适当的方法去转化粉丝，将粉丝意愿转化成购买力，就可以将平台与电商结合，营销和变现也就很容易了。

6.3.6　进阶玩法，品牌熟悉程度

品牌熟悉度指的是用户对其品牌的熟悉程度，运营者一般都会采用线上线下问卷调查的模式，让用户填写，从而分析答卷，得到最终结果。一个品牌的知名度可以让运营者了解它的用户范围到底有多广；一个品牌的熟悉度则让运营者了解用户是否知道这个品牌的存在，以及对它的了解程度。

用户对品牌的熟悉度越高，就说明这个品牌不仅知名度广，而且用户认同度也相对比较高；品牌熟悉度比较低的话，就说明用户对这个品牌不了解。一个人不了解某个商品或品牌，就很难形成购买力。在笔者看来，品牌的熟悉度可以分为以下5种不同的情况，如图6-24所示。

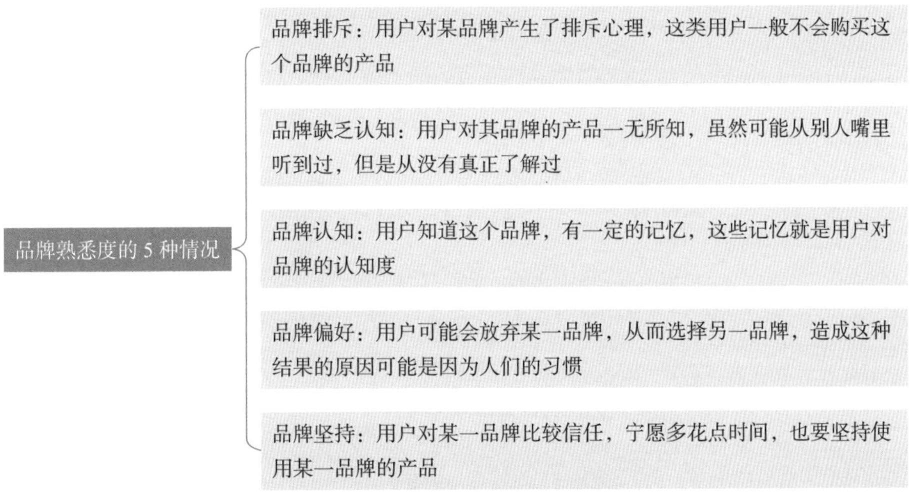

品牌熟悉度的 5 种情况

品牌排斥：用户对某品牌产生了排斥心理，这类用户一般不会购买这个品牌的产品

品牌缺乏认知：用户对其品牌的产品一无所知，虽然可能从别人嘴里听到过，但是从没有真正了解过

品牌认知：用户知道这个品牌，有一定的记忆，这些记忆就是用户对品牌的认知度

品牌偏好：用户可能会放弃某一品牌，从而选择另一品牌，造成这种结果的原因可能是因为人们的习惯

品牌坚持：用户对某一品牌比较信任，宁愿多花点时间，也要坚持使用某一品牌的产品

图 6-24　品牌熟悉度的 5 种情况

那么，运营者如何让用户全面了解品牌，增强品牌的熟悉度呢？下面就以西瓜视频为例，来分析运营者如何利用此平台增强品牌熟悉度。西瓜视频首推中视频概念，它拥有庞大的用户基数和源源不断的平台流量，可以很容易地将品牌推向更广的用户人群，增强他们对品牌的熟悉度。

举例来说，某美肤品牌创立于1999年，品牌定位是"专注于东方的养肤之道"。从品牌定位就可以看出，该品牌主要做的是护肤品，其中包括保湿、美白、防晒、紧致和彩妆等类别，为用户提供更加全面的护肤之道。但是，该美肤品牌的官方账号粉丝只有5.2万，比同类别护肤品牌都要低，它的视频点赞总数也只有25.6万，更不用提该官方账号发布的中视频了。据统计，该账号发布的中视频一共有237条，但是基本每条视频的点赞数都是几千甚至只有几十个，最高的也只有两万左右，那么问题出在哪里呢？

该美肤品牌发布的视频大多内容都是明星代言内容，也就是所谓的硬广告，就算视频中不是明星代言内容，剩下的都是很普通的产品开箱视频，没有什么创意和戏剧冲突，而且该品牌商家没有充分利用平台功能，所以导致它的官方账号一直处于不温不火的状态。

那么，运营者想要增强品牌熟悉度，应该怎么充分利用西瓜视频平台呢？首先，运营者用品牌名字注册一个官方账号，申请官方认证，增强用户对此账号的信任度。

其次，运营者可以参加西瓜视频官方发布的活动，增粉引流，多发官方动态，增强活跃度，多与评论区的用户互动，增强品牌和用户之间的亲密度……这些方法都可以让更多的用户了解品牌，熟悉品牌。

第7章

B站视频：从二次元到中视频平台

运营者按照投稿规范在B站完成投稿操作之后，可以进入后台管理界面，管理自己的视频、专栏、音频和相簿稿件。此外，运营者还需要了解自己的受众群体数据，如对性别、年龄、地区等方面进行全面和精准的分析，从而达到最佳引流效果。

7.1 管理投稿，上传爆款内容

运营者投稿完成之后，官方会主动回复稿件审核状态。因此，运营者可以在"创作中心"查看自己的稿件状态，顺便还能管理自己的稿件。

7.1.1 管理视频，让内容更优质

在B站"创作中心"，运营者不仅可以实时了解自己发布的视频状态，还能学习到更多教程，避免出现违规，加强质量把控。

步骤 **01** 打开计算机网页端B站，进入"创作中心"界面，单击"内容管理"按钮，如图7-1所示。

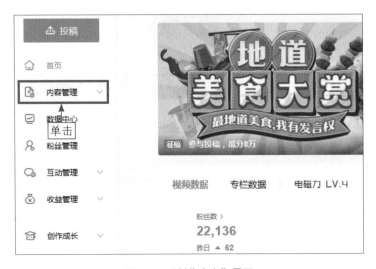

图 7-1 "创作中心"界面

★ 专家提醒 ★

运营者在管理自己的视频时，可对审核中和审核通过的视频进行修改。当然，这种修改只支持部分内容修改，比如封面、视频内容、视频标题、标签和视频简介等。

步骤 **02** 执行操作后，进入"视频管理"界面。运营者可以从该界面看到示例账号的视频状态信息，如"全部稿件30""进行中0""已通过30""未通过0"。根据这些信息，我们可以看出该示例账号的视频是全部通过审核的。此外，运营者从每条视频底部可以看出示例账号的视频数据。这里以第一条视频为例，可明显看出该视频的播放数（1.3万次）、弹幕数（73条）、评论数（133条）、收到硬币数（1270个）、被收藏次数（1285次）、点赞数（1704次）、被转发次数（205次），如图7-2所示。

图 7-2　"视频管理"界面

步骤 03 继续停留在"视频管理"界面，运营者如果选择单击"编辑"按钮，可以进入编辑界面，编辑该视频的相关内容；如果选择单击"数据"按钮，可以进入该视频的数据界面，查看该视频的具体数据；如果单击 ⋮ 按钮，则可以进行更多操作。此处以单击 ⋮ 按钮为例，如图7-3所示。

图 7-3　单击 ⋮ 按钮

步骤 04 操作完成后，弹出一个包含更多操作的菜单，运营者可在此菜单内通过"编辑稿件""分享投稿""添加到收藏夹""编辑记录""弹幕管理""评论管理""删除稿件"等功能来进行更多操作，如图7-4所示。

图 7-4　包含更多操作的菜单

7.1.2　管理专栏，内容是核心

B站的移动端有专栏管理功能，不过功能有限，本节主要讲解如何在计算机网页端进行更多专栏管理操作。

步骤 01 打开计算机网页端B站，进入"创作中心"界面，依次单击"内容管理"|"专栏管理"选项。

步骤 02 进入"专栏管理"界面，运营者可以在该界面查看专栏文章的总数据，以示范账号为例，如图7-5所示。

图 7-5　"专栏管理"界面

步骤 03 继续停留在"专栏管理"界面，运营者可以在"我的专栏文章"栏目下查看单篇专栏文章的数据，如"全部文章""进行中""已通过""未通过"等数据。此外，运营者单击 ⋯ 按钮，可以进行更多操作，如图7-6所示。

图7-6　单击 ⋯ 按钮

步骤 04 操作完成后，弹出一个包含更多操作的菜单，运营者可以通过"编辑"或"删除文章"等功能来完成更多专栏管理操作，如图7-7所示。

图7-7　弹出包含更多操作的菜单

7.1.3　管理音频，带来听觉盛宴

B站聚集着大量的原创音乐人和热衷二次创作的音乐爱好者，正是因为有了他们的存在，B站音频区才会产生如此多的优质原创音乐视频。B站为了扶持原创音乐，还特意推出了"音乐星计划"，对优秀的原创音乐运营者进行奖励和扶持，如图7-8所示。

★ 专家提醒 ★

随着某短视频平台上许多原创人陷入抄袭风波，粉丝盲目给"小鲜肉"歌手刷榜单，以及歌曲作词作曲的下限逐渐降低（甚至某些热歌的旋律是东拼西凑的）……这些原因导致了华语音乐的衰落。不过，在B站的大力培养和扶植下，B站音频区出现了一批能力很强的原创音乐人，他们的原创歌曲的作曲、编曲、演唱、混音、录音、母带处理等工作都是自己一人完成的，这体现的是原创音乐人和B站坚守华语原创音乐的决心。

图 7-8　音乐星计划

此外，针对自己能力不太强、音乐知识需要提高，而且对音乐感兴趣的UP主，B站推出了"音乐UP主培养计划"，如图7-9所示。在该扶持计划中，B站特意请来了某些知名音乐人，想要针对性地培养出一批年轻的原创音乐UP主。

图 7-9　音乐 UP 主培养计划

B站音频管理功能的操作大体上和专栏管理操作差不多，此处就不详细展开介绍了，只简单讲述一下操作步骤。

步骤 01 打开计算机网页端B站，进入"创作中心"界面，依次单击"内容管理"|"音频管理"选项。

步骤 02 操作完成后，进入"音频管理"界面。在此界面运营者可查看相关音频数据，如"全部音频""审核中""已通过""未通过"等。此外，运营者还可以在右侧的搜索框内输入关键字，进行音频搜索，搜索自己已发布的音频内容，如图7-10所示。

图 7-10　音频搜索

步骤 03　继续停留在"音频管理"界面，UP主还可以在此界面将已发布的同类或系列音频组成合辑，如图7-11所示。

图 7-11　音频合辑

7.1.4　管理相簿：提高用户创作效率

在B站上除了可以进行视频投稿、专栏投稿和音频投稿，还可以在"bilibli相簿"网站中分享自己的图片。

值得运营者注意的是，一开始运营者是可以在B站移动客户端相簿中上传相关图片（绘画类、摄影类和日常图片皆可）的。不过，截至2020年6月15日，B站已在移动客户端的"频道"|"分区"中移除"相簿"入口，目前只能在"bilibli相簿"网站中上传绘画（"画友"功能入口）和摄影（"摄影"功能入口）作品，如图7-12所示。

运营者在"bilibli相簿"网站发布完图片后，可在"创作中心"管理自己的相簿，具体操作如下。

步骤 01 打开计算机网页端B站，进入"创作中心"界面，依次单击"内容管理"|"相簿管理"选项。

图 7-12 "bilibli 相簿"网站的两个入口

步骤 02 进入"相簿管理"界面，运营者可以查看相簿里的图片状态（如"全部作品""进行中""已通过""未通过"等），还可以查看该图片的相关数据。这里以示范账号最新的图片为例，该账号最新的图片"阅读量"为5754次、"评论"为8次、"收藏"为0次。此外，运营者单击右侧的删除按钮，即可删除该图片，如图7-13所示。

图 7-13 "相簿管理"界面

7.2　B站投稿规范，必须心知肚明

B站除了每个内容区有诸多规则，其内容和投稿也有不少规则，运营者只有先了解这些规则，才能在B站平台上少走弯路。

7.2.1　非自制内容，有严格范围

B站对于非自制稿件有着严格的定义，运营者需要根据具体情况判断自己的作品是否为自制稿件。如图7-14所示为非自制稿件具体标准及例子。

关于全站投稿人编辑不属于自制稿件的例子（包括不仅限于以下5点）。

1.无加工的纯片段截取：加工指对原片包括不仅限于添加特效包装，文字点评，改图，音轨替换，添加配音，等二次加工行为。

2.字幕：未经版权方授权的翻译字幕不属于自制类型。

3.录屏：对投稿人没有参与制作、编辑加工的作品进行录播。

4.他人代投（包括授权搬运）：非原作者或其创作团队的账号在站内协助原作者进行投稿。

5.其他低创内容，包括不仅限于例如：

（1）自行购碟压制上传、单纯倍速播放、倒放、镜像、调色、补帧等；

（2）非官方人员或原作者参与的摄像、录制的正式live现场录像视频之后会根据具体情况不断补充完善规则，此规则适用于公示之后的稿件。

图 7-14　非自制稿件具体标准及例子

7.2.2　了解稿件要求，缩短审核时间

B站对稿件信息也有严格要求，运营者按照B站官方的要求填写稿件信息，有利于缩短审核时间。

（1）封面

B站对于封面的要求如下：

① B站视频封面图的内容要与视频内容一致，最好是视频内容截图，或者是从视频中提炼的关键内容。

② 封面图不能使用动态图片，也不能出现违规的内容，包括但不限于色情、恶心、暴力、血腥、钱币、国旗、政治等内容。

（2）标题

B站官方关于投稿标题的要求如下：

① B站受众用户为中文用户，投稿标题运营者应该尽量使用中文，如果标题中有外语翻译，应尽量使用常见翻译（比如，法国大作家Camus常见翻译是"加

缪",而某些地方翻译为"卡谬",此处应该翻译为"加缪"),某些人名、机构名等不可翻译的专有名词应以官方形式为准,可不翻译。

② B站官方禁止视频标题中出现视频或音频测试相关文字,同时也禁止运营者在标题中填写与视频内容无关或与引战、谩骂等相关的内容。

（3）标签

B站官方关于标签的要求如下:

① 为了使内容能被用户搜索到,运营者填写的标签必须准确无误。

② 运营者不要填写与内容无关或无意义的标签。

（4）投稿类型

B站官方关于投稿类型的要求如下:

① 运营者搬运和转载视频统一视为转载,个人原创作品或二次创作作品可选择自制。

② 运营者代替他人投稿属于转载,盗用他人内容冒充自制属于严重违规行为,会受到官方的制裁。

（5）视频简介

B站视频简介位于视频下方,主要用来简单介绍视频内容,如图7-15所示。

图 7-15　视频简介

B站官方关于视频简介的要求如下:

① 视频简介中禁止发表恶意诋毁和侮辱性言论。

② 视频简介中禁止发表带有反动、色情、宗教、政治性质,以及其他违反国家相关法律的内容。

③ 运营者视频中涉及的素材需要在简介中标明。

7.2.3　稿件其他规则，稍微了解即可

B站对运营者稿件的其他规则，如撞车规则、分页规则、分区规则、退回规则等，如图7-16所示。

> 1. 撞车规则
> 为了保证视频观看弹幕的集中性，相同内容的搬运稿件在本站只允许同时存在一个。视频内容重复的稿件将会被管理员锁定，用户无法进行操作。投稿前请善用本站的搜索功能。
> 2. 分页规则
> 本站提供单个稿件内的分页（即分P）功能，同系列的视频请使用分页方式投稿在同一稿件中，请勿在同时段内大量集中投稿。
> 3. 分区规则
> 投稿时请正确选择稿件所属分区，稿件一经审核，用户将不能修改稿件分区。若投稿分区错误，稿件将被退回要求重新分区。
> 4. 退回规则
> 对于已退回的稿件，在无错误判断的情况下，请勿不经修改重复提交或删稿重投。

图 7-16　对稿件的其他规则

7.2.4　稿件内容广泛，限制也有不少

B站的稿件内容虽然广泛，但B站对运营者稿件内容也有一些限制。

① 稿件内容中不能出现恶意诋毁和侮辱性言论。

② 稿件内容中不能出现带有反动、色情、宗教、政治性质，以及其他违反国家相关法律的内容。

③ 稿件内容中禁止出现会引起观看者不适或过度猎奇的内容。

④ 稿件内容中禁止出现涉及违反有关部门、条例规定要求的内容。

⑤ 稿件内容中禁止出现有较大争议性的内容。

7.2.5　了解版权事宜，避免侵权问题

随着人们对版权的重视和相关版权法律的完善，侵犯版权成了运营者视频制作最容易遇到的一大难题。因此，运营者可以了解版权知识，以避免相关的版权问题。

（1）公共领域

作品失去版权之后会被归入公共领域，而处于公共领域的作品是大家都可以免费使用的。在我国现行法律制度下，公民作品的版权保护期限为作者终生加上其死后的50年。也就是说作者死后50年，作品会自动归入公共领域，失去版权保护。

最典型的案例就是2016年的电影《不成问题的问题》，它改编自著名作家老舍的同名小说，而老舍已去世超过50年（1899年2月3日—1966年8月24日），因

此我们可以判断该导演改编的小说《不成问题的问题》是属于公共领域的作品，无须支付版权费用。

（2）合理使用

合理使用是一项法律原则。具体来说，在某种特殊情况下，运营者即使没得到版权所有者的相关许可，但可以重复使用某些受版权保护的材料。

一般来说，判断使用者是否合理使用版权作品，可以根据以下要素进行分析：版权使用目的、版权使用原则、版权作品性质、版权作品使用量、作品价值或潜在市场。

（3）演绎作品

演绎作品，是指获得许可后，在保持原作基础内容和核心思想的情况下，增加演绎者自己的理解和独创性解读而形成的作品，如翻译、改编、续作等。

（4）申诉通道

B站无权判断作品的归属，也无权解决版权纠纷，但运营者可通过B站进行申诉，如图7-17所示。

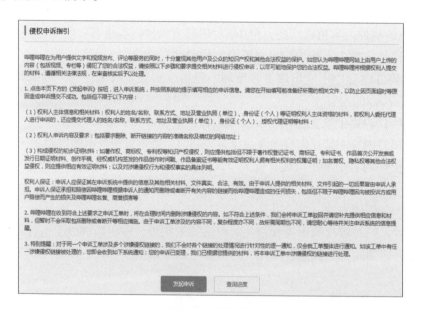

图 7-17　版权申诉

7.3　B站视频数据，分析能力很重要

运营者在B站运营中、长视频的过程中，内容既是运营的重心，也是用户熟悉、接受产品和品牌的重要途径。因此，运营者需要对内容进行重点关注——不

仅要策划、收集、制作内容，更要对自己的运营内容进行评估，以便确定未来的内容运营方向。本节将会为大家分析多项视频数据。

7.3.1　关注播放完成率，体现内容精彩度

一般来说，内容越精彩的视频，其播放完成率就越高。进入"数据中心"界面，即可看到播放完成率的统计图，如图7-18所示。

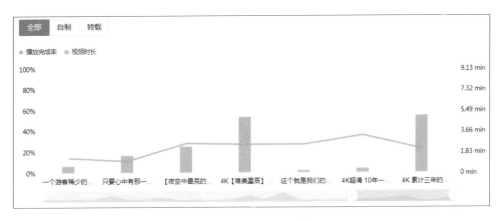

图 7-18　播放完成率的统计图

下面具体分析播放完成率统计图表。如图7-19所示为播放完成率统计图表左侧纵轴，我们可以看出它代表的是视频播放完成率，具体计算方式为：用户平均观看时长÷视频时长×100%；如图7-20所示为播放完成率统计图表右侧纵轴，它表示的是视频时长，min代表的是分钟，数据被精确到小数点后两位。

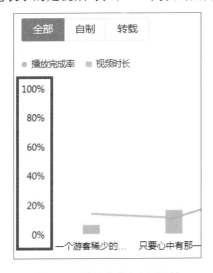

图 7-19　播放完成率左侧纵轴

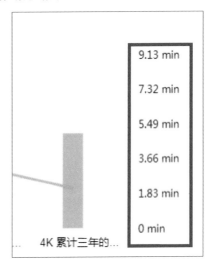

图 7-20　播放完成率右侧纵轴

如图7-21所示为播放完成率统计图表横轴，它代表的是视频名称，横轴上方的蓝色柱状体代表的是当前视频时长，黄色的折线代表的是该视频的播放完成率。

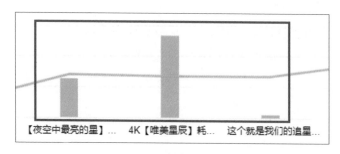

图 7-21　播放完成率统计图表横轴

播放完成率统计图表横轴上最多只能显示7个中文字符，超过7个中文字符会自动折叠。如果运营者想查看视频标题和具体数据，可直接将鼠标指针放置在蓝色柱状体上，如图7-22所示。

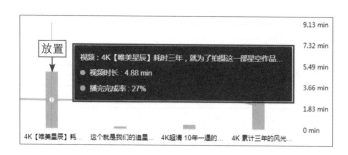

图 7-22　查看视频标题和具体数据

播放完成率统计图表底部有一个◯按钮，运营者可以通过滑动该按钮调节蓝色柱状体的显示数量。如图7-23所示的播放完成率统计图表，图表中蓝色柱状体显示数量为6个，说明只显示了6条视频的数据，运营者如果想查看更多视频的数据，可尝试向左滑动◯按钮。

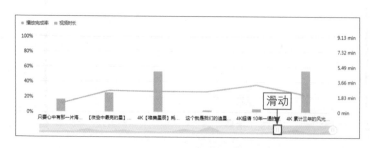

图 7-23　6个蓝色柱状体

当运营者向左滑动 ￼ 按钮后，我们很明显能看到蓝色柱状体显示数量已增加至11个，如图7-24所示。

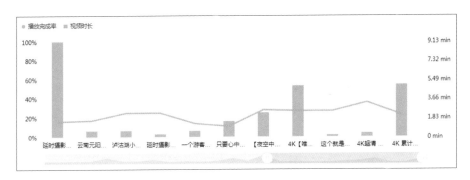

图 7-24　11 个蓝色柱状体

7.3.2　关注增量趋势，分析视频问题

增量数据趋势折线图也是在"创作中心"界面查看，如图7-25所示。其中，折线图纵轴为视频播放量，横轴为日期。

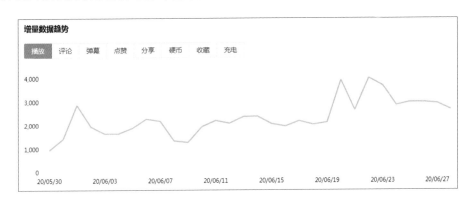

图 7-25　增量数据趋势折线图

下面具体分析增量数据趋势折线图。如图7-26所示为2020年6月7日—6月11日播放量数据增量曲线图，可以明显看出该运营者的播放量增量遭遇了一次大的波谷，我们可以大胆推测该运营者可能这段时间没有及时更新视频，或者发布的视频难以吸引用户。

如图7-27所示为2020年6月19日—6月23日的播放数据增量曲线图，可以明显看到该运营者的播放量增量连续遭遇了两次波峰。因此，我们可以大胆推测，他的视频可能"踩中"了热门词汇，或者说他的视频引起了用户的兴趣。

此外，运营者可以连接某段时间内起点和终点之间的线段，通过这条播放量增量线段，就可以明显地看出该段时间内的视频播放量增量走势。如图7-28所示为上升趋势的视频播放量增量走势图。

图 7-26　波谷

图 7-27　波峰

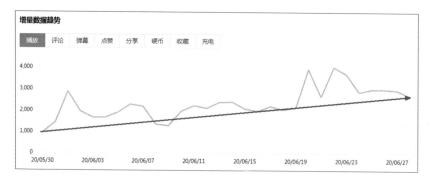

图 7-28　视频播放量增量走势图

7.3.3　关注播放量排行，分析自身长处

UP主可以在创作中心查看视频播放量排行榜单，具体操作如下。

步骤 **01** 进入计算机网页端B站的"数据中心"界面，单击"展开更多"按钮，如图7-29所示。

图 7-29　单击"展开更多"按钮

步骤 **02** 展开列表后，可以看到10条视频的播放量数据，如图7-30所示。

图 7-30　10 条视频（部分）的播放量数据

步骤 **03** 当运营者将鼠标指针放置在指定的环形区域时，会弹出一个黑色弹窗，上面显示了视频标题、播放数量和播放占比等数据，如图7-31所示。

图 7-31　黑色弹窗

7.3.4　分析游客画像，总结相关经验

B站粉丝画像有单独的界面，笔者先来介绍B站的游客画像分析，如图7-32与图7-33所示。

图 7-32　游客画像之性别分布

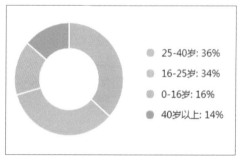

图 7-33　游客画像之年龄分布

通过这两个图可以看出，观看某账号的游客主要以男性为主，并且大多为青年人。如图7-34所示为游客播放地区来源分布占比图。我们可以发现观看该运营者视频的游客大多位于广东省。

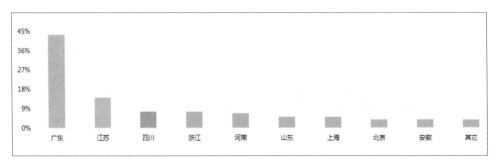

图 7-34　游客播放地区来源分布占比图

如图7-35所示为游客观看该分区视频占比图。我们可以发现观看该运营者发布的视频的游客更喜欢日常区的内容，运营者可根据此信息对自己的定位和内容进行修正。

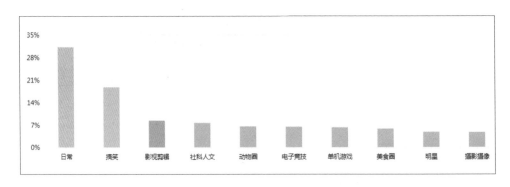

图 7-35　游客观看该分区视频占比图

如图7-36所示为游客喜欢观看的标签占比图。我们可以发现观看该运营者发布的视频的游客喜欢带"生活""日常""搞笑"等标签的视频，该运营者在发布视频时，可适当添加这类标签，以增加视频的播放量。

| 1 生活 | 2 日常 | 3 搞笑 | 4 数码 | 5 游戏 |
| 6 影视 | 7 科技 | 8 摄影摄像 | 9 摄影 | 10 全能打卡... |

图 7-36　游客喜欢观看的视频带有的标签

7.4 分析用户属性，让视频更受欢迎

本节主要从粉丝活跃度、新增用户趋势和粉丝画像3个方面，分析运营者的用户定位、用户画像和人气特征。

7.4.1 关注活跃粉丝度，调动用户积极性

如图 7-37 所示为粉丝活跃度图表。从图表中的数据来看，该运营者的粉丝观看活跃度为 29%、互动活跃度为 17%，通过这些数据我们可以看出这个粉丝活跃度相对较低。此时，运营者应该从自身去找原因。比如，是不是视频内容无法调动粉丝的积极性？是不是很少与用户进行沟通交流？找到粉丝活跃度低的问题后，运营者应该积极寻求解决方案。比如，为视频增加更多有趣的内容；经常推出与粉丝互动的活动。

图 7-37   粉丝活跃度图表

我们再来看该运营者的其他信息：粉丝"点赞"占比为45%、"收藏"占比为25%、"投币"占比为17%、"分享"占比为6%、"评论"占比为5%、"弹幕"占比为2%、"直播礼物"和"直播弹幕"占比都是0。由此可以分析得出：该运营者很少开直播，并且其粉丝互动量少。

7.4.2 新增用户趋势，反映吸粉能力

如图 7-38所示为某运营者2020年6月新增用户趋势图。由此图可以看出该运营者每日新增用户数都未超过70人，吸粉能力不够强。

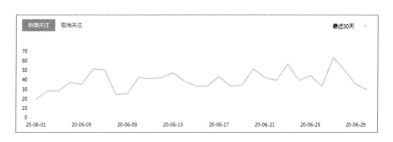

图 7-38   某运营者 2020 年 6 月新增用户趋势图

如图7-39所示为某运营者2020年1—6月新增用户趋势图。由此图可以看出该运营者1月激增用户超12 000人，剩余5个月的平均值也没超过3 000人。

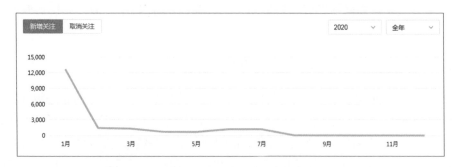

图 7-39　某运营者 2020 年 1—6 月新增用户趋势图

针对以上这两种情况，UP主可适当调整自己的策略，使用本书提及的引流策略。

7.4.3　了解粉丝画像，实现精准变现

该账号是一个定位摄影的账号，运营者也是一个爱好摄影的人，经常驾车前往世界各地拍摄星空和其他美景，因此该账号的粉丝大多是爱好摄影的人士，而爱好自然风景摄影的人士以男性为主，从该账号的粉丝性别分布就可窥见一斑，如图7-40所示。

如图7-41所示为某运营者的账号粉丝年龄分布图。从该图中可得知以下信息：他的粉丝大多是年轻人（集中在16～25岁和25～40岁这两个区间）。对此我们可以进一步分析，16～25岁的粉丝大多还在上学，或者刚步入社会，没有足够的资金让他们购买专业的摄影设备，因此这部分粉丝只是单纯地对摄影感兴趣，运营者在带货时，产品性价比相对要高一些，以符合这部分粉丝的需求。25～40岁的粉丝正处于事业上升期，工资足够用来购买高消费品，因此运营者可适当推销优良的摄影设备。

图 7-40　粉丝性别分布图

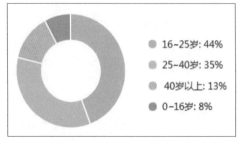

图 7-41　UP 主粉丝年龄分布图

如图7-42所示为某运营者的粉丝地区分布图，从该图中可以看出他的粉丝大多位于广东省。众所周知的是，"北上广深"是一线城市，其中广州和深圳都在广东省境内。根据这些信息，我们大致可以推断出粉丝消费能力强，运营者带货时价格可以稍微往上提一提。

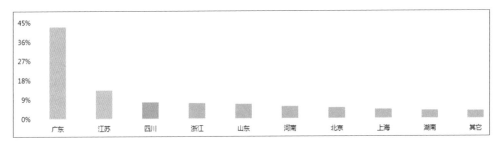

图 7-42　某运营者粉丝地区分布图

如图7-43所示为粉丝分区偏向图，它指的是用户喜欢的视频类型排行榜。从图中可以看出，该运营者将账号定位的是摄影，因此内容偏向日常，这一点我们可以从粉丝偏向中得到佐证。

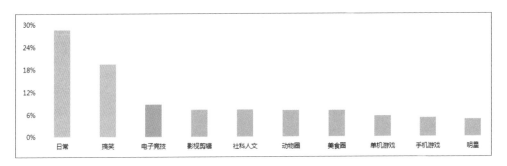

图 7-43　粉丝分区偏向图

如图7-44所示为粉丝喜欢的标签排行。从该图可以看出运营者的粉丝大多喜欢"生活""搞笑""日常"标签，运营者除了发作品时可以带上这3个标签，还可以适当选取一些生活场景进行拍摄。

图 7-44　粉丝喜欢的标签排行

第8章

抖音视频：抢占用户碎片化时间

在抖音发布的视频的主要特点可以用两个字来形容，那就是快和新，能够深度契合用户的实际需求。运营者创建账号之后，需要运营账号、了解推荐算法和引流。对于企业或个人来说，抖音都是一个不错的宣传媒介，利用得当，带来的效益将不可估量。

8.1　抖音账号定位，分为5个维度

定位的意义和重要性人尽皆知，而且由于抖音对视频质量要求较高，所以运营者在定位方面需要下苦功夫。

8.1.1　抖音行业定位，选择擅长领域

行业定位就是确定账号所属行业和领域。通常来说，运营者在做行业定位时，只需选择自己擅长的领域即可。有时某个行业包含的内容较多，或者抖音上做该行业内容的账号比较多，此时运营者可通过对行业进行细分，侧重从某个细分领域打造账号内容。

比如，化妆行业包含的内容比较多，运营者就可以通过领域细分从某方面进行重点突破。其中的佼佼者就当属"口红一哥"了，他通过分享与口红相关的内容，吸引了一大批对口红感兴趣的人群，如图8-1所示。

图 8-1　"口红一哥"发布的抖音视频

又比如，抖音号"××手机摄影"专注拍摄与搭配技巧，帮助粉丝拍出更美的气质，吸引了530多万粉丝的关注，如图8-2所示。

深度内容是校正账号定位最重要的环节，抖音营销成败就在此一举。同时，领域细分定位和深度内容也是用户能够持续更新优质原创视频的两个核心因素。做好定位后，内容就非常容易分享了，至少拍摄视频的内容方向已经确定，运营者不会再迷茫。运营者可根据自己行业或领域对抖音账号进行定位，并找到自己的深度内容。

图 8-2 抖音号"××手机摄影"的行业定位

8.1.2 抖音内容定位，须具备稀缺性

运营者可以通过自身的内容展示形式，让账号内容具有一定的稀缺性，其中比较具有代表性的是"会说话的×××"等。

抖音号"会说话的×××"是定位为分享猫咪日常生活的账号，此账号分享以两只猫咪为主角的视频。如果只是分享猫咪日常生活，那么很多养猫的运营者都可以效仿。但它的独特之处在于猫咪张嘴出声时，运营者会同步配上一些字幕，如图8-3所示。这样一来，用户结合字幕和猫咪在视频中的表现，就会觉得猫咪调皮可爱。

那么，如何让普通账号变成爆款账号，持续打造爆款视频？首先要做的就是找准内容方向，然后找准视频输出的形式。内容定位方面是比较简单的，运营者可从微博、知乎、百度等不同平台收集和整理内容。

运营者首先要思考观看视频

图 8-3 "会说话的×××"发布的视频

的用户是不是自己所需要的人群？能不能让用户成为自己的消费者？是的话就可以坚持做下去，不是的话就要选择更换内容。

当然，在拍摄中、长视频时，如果运营者能生产出足够优质的内容，也可以快速吸引到用户的目光。运营者可以通过为受众持续性地生产高价值的内容，从而在用户心中建立权威，加强他们对该账号的信任度和忠诚度。在自己生产内容时，运营者可以运用以下技巧，轻松打造持续性的优质内容，如图8-4所示。

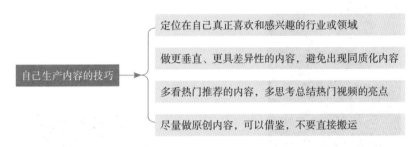

图 8-4　自己生产内容的技巧

运营者需要注意的是，账号定位的是目标用户群体，而不是定位内容。因为运营者的内容是根据目标用户群体来定位制作的，不同的用户群体喜欢不同的内容，不同的内容会吸引不同的用户群体。

8.1.3　抖音产品定位，挑选最合适的

大部分运营者之所以要做抖音运营，就是希望能够借此变现，获得一定的收益。其中，产品销售是比较重要的变现方式，他们都会选择合适的变现产品，因此产品的定位就显得尤为重要了。

那么，运营者具体如何进行产品定位呢？根据运营者自身的情况，产品定位可以分为两种：一种是根据运营者自身拥有的产品进行定位，另一种是根据自身的业务范围进行定位。

根据自身拥有的产品进行定位很好理解，就是看自己有哪些产品是可以销售的，然后将这些产品作为销售对象进行营销。

例如，某位运营者自家有多种水果，于是他将自己的账号定位为水果销售类账号，不仅将账号命名为"××水果"，而且还通过视频对水果进行了全面的展示，如图8-5所示。

根据自身业务范围进行定位，就是在自身的业务范围内发布视频内容，然后根据内容插入对应的商品链接。这种定位方式比较适合自身没有产品的运营者，他们只需根据视频内容添加商品，便可以借助该商品的链接获得佣金收入。

例如，某抖音号发布的是水果拼盘视频，同时运营者又没有可直接销售的商

品，他便在视频中添加他人店铺中的水果拼盘餐具，以此来获取佣金收入，如图8-6所示。

图 8-5　根据自身拥有的产品进行定位

图 8-6　根据自身业务范围进行定位

8.1.4　抖音用户定位，借助分析软件

在抖音号的运营过程中，如果能够明确用户群体，做好用户定位，并且针对主要的用户群体进行营销，那么抖音号生产的内容将更具有针对性，从而对主要用户群体产生更强的吸引力。

在做用户定位时，运营者可以从性别、年龄和地域分布等方面分析目标用户，了解抖音的用户画像和人气特征，并在此基础上更好地做出针对性的运营策略和精准营销。在了解用户画像情况时，可以适当地借助一些分析软件。例如，我们可以在抖音后台了解用户画像。

8.1.5　抖音人设定位，留下深刻印象

人设是人物设定的简称，所谓人物设定就是运营者通过视频打造的人物形象和个性特征。通常来说，成功的人设能在用户心中留下深刻的印象，让用户能通过某个或某几个标签，快速想到该抖音号。

例如，说到"反串""一人分饰两角"这两个标签，大多数抖音用户可能首先想到的就是某抖音号。在他的视频中，主角一人分饰了两角，如图8-7所示。同时，他发布的抖音视频内容很贴合生活，并且人物幽默搞笑，因此该账号发布的内容通常会快速吸引大量用户。

图 8-7　某抖音号发布的视频

8.2　抖音账号运营，掌握3大技巧

对运营者来说，运营抖音橱窗固然重要，但更重要的还是运营抖音账号。毕竟只有账号正常运营，店铺中的产品才能销售出去，运营者才能真正地赚到钱。

8.2.1　了解抖音用户，定位目标群体

在目标用户群体定位方面，抖音的渗透方式是自上而下的。字节跳动最初推出抖音产品时，市场上已有许多视频平台在竞争，为了更快、更精准地占领市场，抖音选择在用户群体定位上做了一定的差异化策划，选择了同类产品还没有覆盖的群体。下面主要从年龄、性别、地域分布、职业和消费能力5个方面分析抖音用户定位，帮助运营者了解抖音的用户画像，更好地做出有针对性的运营策略和进行精准营销。

（1）年龄：以年轻用户为主

抖音平台上大部分用户在28岁以下，其中20～28岁用户比例最高，也就是"90后"和"00后"为主力人群，整体呈现年轻化趋势。这些人更加愿意尝试新的产品，这也是"90后"和"00后"普遍的行为方式。

（2）性别：男女比例基本持平

根据 QuestMobile 的 2020 年报告显示，抖音的男女比例约为 4∶6，也就是女性比男性多 1/5 左右。首先，女性居多直接导致的结果就是消费力比较高，因为大

部分的钱都是女性花的；而男性占比较少，消费力相对也不强。另外，其他报告中的数据更详尽，报告中指出抖音中女性用户的占比达到了57%，显著高于男性。

（3）地域分布：分布在一二线城市

抖音从一开始就将目标用户群体指向一二线城市，不仅避免了激烈的市场竞争，还占据了很大一部分的市场份额。当然，随着抖音的火热，目前也在向小城市蔓延。根据2020年的分析报告显示，一二线城市的人群占比超过44%，而且这些地域的用户消费能力也比较强，同时也表明抖音用户群体正在下沉。

（4）职业：大学生、白领和自由职业者

抖音用户的职业分布一直变化不大，主要以白领为主，比较常见的还有大学生与初入社会和职场的用户。另外，这些人都有一个共同的特点，就是特别容易跟风，喜欢流行、时尚的东西。

（5）消费能力：愿意尝试新产品

抖音人群的整体消费层次偏向于中等或中高等，这些人群的突出表现就是购买欲更强，更容易在抖音上下单。另外，他们的购买行为还会受到营销行为的影响，看到喜欢的东西，更加容易产生冲动性消费。

8.2.2 遵守抖音规则，不违反相关事项

对于运营者来说，创作原创视频才是最具战略性和发展眼光的一件事情。在互联网上，运营者想借助平台成功变现，首先要做到的是遵守平台规则。下面重点介绍抖音平台的一些规则。

（1）不建议做低级搬运

何为低级搬运？就是说运营者发布的视频带有其他视频平台水印或图案。对于这些低级搬运的作品，抖音会直接降低账号权重，不给予推荐，因此不建议大家做。

（2）视频必须清晰无广告

作为抖音运营者，首先要保证自己视频的质量，不含有低俗、色情等内容，二是要保证视频中不能带有广告，视频尽量清晰。

（3）账号权重

抖音普通玩家上热门有一个共同的特点，那就是给别人点赞的作品很多，最少的都上百了。这是一种模仿正常用户的玩法，如果上来就直接发营销视频，系统可能会判断此账号为营销广告号或小号，会审核屏蔽或降低权重。

提高抖音号权重的具体方法如下：

① 使用头条号登录。用QQ登录今日头条App，然后在抖音的登录界面选择今日头条登录即可。因为抖音是今日头条旗下的产品，通过头条号登录，会潜在

地增加账号权重。

② 多选用正常用户行为。多给热门作品点赞、评论和转发，选择粉丝越多的账号效果越好。

8.2.3　抖音运营误区，尽量避而远之

随着5G时代的来临，中、长视频也越来越受欢迎，无论是抖音个人号，还是抖音企业号，在运营时必须先遵守抖音相关规则，在符合规则的要求下，尽最大可能宣传自己的产品或服务。

（1）随意删除视频

每个平台都有相关的规则，很多人可能连平台规则都没有认真了解，就开始运营自己的抖音账号，不是自己的账号被限流，就是胡乱删除视频，导致自己账号的粉丝少，视频浏览量也低。

于运营者而言，在自己的抖音账号上正式发布内容之前，需要先做好账号定位，对自己的内容做好规划，或者说深入了解视频创作的要点。尤其是于企业而言，在抖音企业号发布的内容代表着企业的形象，关系着企业未来的发展。

如果运营者对中、长视频的创作很迷茫，可在抖音企业号中学习相关教程，其中不乏抖音审核规则、抖音推荐规则、基础创作技巧、视频进阶、账号运营攻略、直播进阶、带货攻略、直播攻略等内容。

（2）不养号

在抖音平台上，不仅权重很重要，保持账号的活跃度、互动程度、行为习惯也很重要。因此，运营者不仅要做好账号的基本维护，还可以通过一些手段来主动养号，获得更高的推荐量。建议大家从以下 7 个方面去养号，如图 8-8 所示。

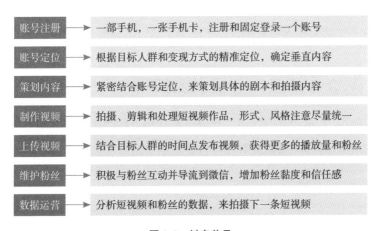

图 8-8　抖音养号

很多人说抖音是去中心化平台，在抖音谈论权重是没有意义的。但如果他们认真研究了上热门推荐账号的共性，就不会说权重无意义之类的话了。仔细观察后可以发现，抖音平台通常更青睐那些产出高质量的、垂直领域内容的账号，同时给予这些账号更多的流量扶持。

运营者养号的核心目的就是提升账号权重，避免账号因被系统判断为营销账号而限流。运营者只要能够时常注意这个问题，就可以轻松达到曝光、引流、变现、带货、卖货及卖号等目的。下面总结了一些提升账号权重的养号技巧，运营者每天花点时间就可以做好这些工作。

① 抖音运营者在拍摄和制作中、长视频时，笔者建议全程使用数据流量，而非Wi-Fi。

② 尽量保证选择清晰的账号头像，完善自己的账号信息。

③ 尽量绑定微信、QQ、头条等第三方账号，笔者强烈建议绑定头条号。

④ 进行实名认证，有条件的运营者还可以进行个人认证和企业认证，以此增加抖音账号权重。

⑤ 运营者在发布中、长视频时尽量添加地址，抖音会根据地域向附近人群推送中、长视频。

⑥ 运营者每天至少登录一次账号，并时常刷新信息流，多给优秀作品点赞。

⑦ 多观看抖音热搜榜单，关注并参与抖音官方话题挑战。

⑧ 适当关注3～5个自己喜欢的抖音账号。

（3）为上热门盲目模仿

在抖音上，最常见的是当某一条视频火了或某一首歌当红之时，我们总是能看到很多模仿作品。对想玩抖音的用户来说，确实可以发布这种模仿作品，但是对想要打造优秀个人号的运营者而言，不能为上热门推荐而盲目模仿。

8.3 了解推荐算法，分析引流技巧

抖音引流有一些基本的技巧，掌握这些技巧之后，运营者的引流推广效果将变得事半功倍。这一节笔者就对几种抖音基本引流技巧分别进行解读。

8.3.1 推荐算法逻辑，分为3个部分

抖音是当下最热门的视频App，字节跳动公司会根据用户的位置、年龄及喜好，不断优化自己的推荐算法，以此来不断贴近用户的审美和偏好。

在运营机制上，可以说抖音集合了各种优点，如有节奏的电音和人物靓丽新潮的打扮等。值得一提的是，现代生活让人们的时间越来越碎片化，刷抖音则成了大家最常见的打发碎片化时间的最佳选择。同时，诸多明星和企事业机构入驻抖音，TikTok长期位居国外下载榜和热搜榜，更说明了抖音不是一种简单的成功。

在抖音平台上，运营者要想成为超级IP，首先要想办法让自己的作品火爆起来，这是打造爆款IP的一条捷径。如果运营者没有那种一夜爆火的好运气，就需要脚踏实地做好中、长视频内容。当然，这其中也有很多运营技巧，能够帮助运营者提升视频的关注度，而平台的推荐机制就是不容忽视的重要环节。

用户发布到抖音平台的视频需要经过层层审核，才能被大众看到，其背后的主要算法逻辑分为3个部分，分别为智能分发、叠加推荐和热度加权，如图8-9所示。

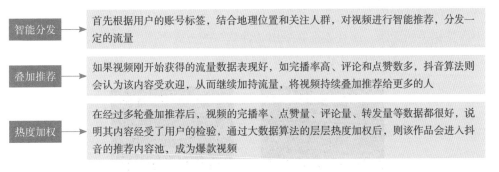

智能分发 → 首先根据用户的账号标签，结合地理位置和关注人群，对视频进行智能推荐，分发一定的流量

叠加推荐 → 如果视频刚开始获得的流量数据表现好，如完播率高、评论和点赞数多，抖音算法则会认为该内容受欢迎，从而继续加持流量，将视频持续叠加推荐给更多的人

热度加权 → 在经过多轮叠加推荐后，视频的完播率、点赞量、评论量、转发量等数据都很好，说明其内容经受了用户的检验，通过大数据算法的层层热度加权后，则该作品会进入抖音的推荐内容池，成为爆款视频

图 8-9　抖音的算法逻辑

8.3.2　抛出一定诱饵，吸引更多受众

人都是趋利的，当看到对自己有益处的东西时，人们往往都会表现出极大的兴趣。运营者可以借助这一点，通过抛出一定的诱饵来达到吸引目标受众目光的目的。下面两个案例中的运营者便是通过"玩抖音赚钱"和"免费流量"，向目标受众抛出诱饵，来达到引流推广的目的的，如图8-10所示。

图 8-10　抛出诱饵吸引目标受众目光

8.3.3 添加话题标签，获得更多推荐

话题就相当于视频的一个标签。一部分用户在查看一条视频时，会将关注重点放在查看视频添加的话题上，还有一部分用户在查看视频时，会直接搜索相关的关键词或话题。

因此，如果运营者能够在视频文字内容中添加一些话题，便能起到不错的引流作用。在笔者看来，运营者在视频中添加话题时可以重点把握以下两个技巧。

① 尽可能多地加入一些与视频中的商品相关的话题，如果可以的话，可以在话题中指出商品的特定使用人群，增强营销的针对性。

② 尽可能以推荐的口吻编写话题，让抖音用户觉得你不只是在推销商品，而是在向他们推荐实用的好物。

下面两个案例中的运营者便很好地运用了上述两个技巧，不仅加入了与视频中商品相关的话题，而且该视频采用"种草"的方式来推广商品，没有直接突出广告内容，营销的痕迹比较轻，如图8-11所示。

图 8-11 积极添加话题增强视频热度

8.3.4 多发优质内容，吸引用户兴趣

用户为什么要关注运营者，成为他的粉丝？笔者认为除了视频主角的个人魅力外，另外一个很重要的原因就是用户可以从视频中获得他们感兴趣的内容。

当然，部分粉丝关注账号之后，可能时不时地查看账号内容。如果运营者很久不更新内容，他们有可能因为看不到新内容，或者认为该账号的内容对他来说

价值越来越低，因而选择取消关注。

因此，对运营者来说，多发送一些用户感兴趣的内容非常关键。这不仅可以增强粉丝的黏性，还能吸引更多的用户成为粉丝。比如，抖音号"手机摄影构图大全"的粉丝大多是摄影爱好者，于是该运营者便通过发送构图和拍摄技巧等内容来增强粉丝黏性。

8.4　基础引流方法，玩转抖音平台

可以毫不夸张地说，互联网变现能力的高低取决于流量的高低。因此，只要运营者有了流量，变现就不再是难题。而如今抖音就是一个坐拥庞大流量的平台，运营者只需运用一些小技巧，就可以吸引相当大的一部分流量，有了流量，就可以帮助运营者更快地做好各种项目。

8.4.1　使用关键词，优化搜索引擎

搜索引擎（Search Engine Optimization，SEO），是指通过对内容的优化获得更多流量，从而实现自身的营销目标。说起SEO，许多人首先想到的可能就是搜索引擎的优化，如百度平台的SEO。其实SEO不只是搜索引擎独有的运营策略，抖音视频同样可以进行SEO优化。比如，我们可以通过对抖音视频的内容运营，实现内容霸屏，从而让相关内容获得快速传播的机会。

抖音视频SEO优化的关键就在于视频关键词的选择，而视频关键词的选择又可细分为两个方面，即关键词的确定和使用。

（1）视频关键词的确定

用好关键词的第一步就是确定合适的关键词。通常来说，关键词的确定主要有以下两种方法。

① 根据内容确定关键词。

什么是合适的关键词？笔者认为，首先应该是与抖音号的定位和视频内容相关的。否则，用户即便看到了视频，也会因为内容与关键词不对应而直接滑过，这样一来，选取的关键词也就没有太多积极意义了。

② 通过预测选择关键词。

除了根据内容确定关键词，还需要学会预测关键词。抖音用户在搜索时所用的关键词可能呈阶段性的变化。具体来说，许多关键词都会随着时间的变化而具有不稳定的升降趋势。因此，抖音运营者在选取关键词之前，需要先预测用户搜索的关键词，下面从两个方面分析如何预测关键词。

社会热点新闻是人们关注的重点，当出现社会热点后，会出现大量新的关键词，搜索量高的关键词就叫热点关键词。因此，运营者不仅要关注社会新闻，还要会预测热点，抢占最有力的时间预测出热点关键词，并将其用于抖音视频中。下面介绍一些预测热点关键词的方向，如图8-12所示。

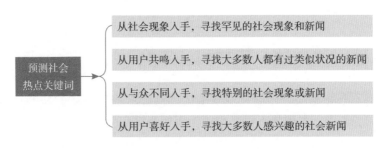

图 8-12 预测社会热点关键词

除此之外，即便搜索同一类物品，抖音用户在不同时间段选取的关键词仍可能有一定的差异。也就是说，抖音用户在搜索关键词的选择上可能呈现出一定的季节性。因此，抖音运营者需要根据季节预测用户搜索时可能选取的关键词。

值得一提的是，关键词的季节性波动比较稳定，主要体现在季节和节日两个方面。比如，用户在搜索服装类内容时，可能直接搜索包含四季名称的关键词，即春装、夏装等；节日关键词会包含节日名称，即春节服装、圣诞装等。

预测季节性的关键词还是比较容易的。抖音运营者除了可以从季节和节日名称上进行预测，还可以从图8-13所示的4个方面进行预测。

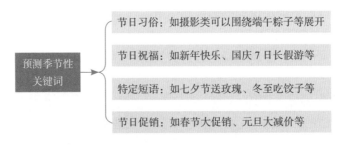

图 8-13 预测季节性关键词

（2）视频关键词的使用

在添加关键词之前，运营者可以通过查看朋友圈动态、微博热点等方式，抓取近期的高频词汇，将其作为关键词嵌入抖音视频中。需要特别说明的是，当运营者统计出近期出现频率较高的关键词后，还需了解关键词的来源，只有这样才能将关键词用得恰当。

除了选择高频词汇外，运营者还可以通过在抖音号介绍信息和视频文案中增加关键词使用频率的方式，让内容尽可能地与自身业务直接联系起来，从而给用户一种专业的感觉。

8.4.2 原创中视频，乃引流利器

创作好原创中、长视频之后，运营者可以选择在抖音平台发布作品，同时在昵称、个人简介等资料上留下相关联系方式，吸引用户关注，如图8-14所示。

一般来说，原创中、长视频的播放量、点赞量或评论量越大，其引流效果也就会越好。抖音上的年轻用户偏爱热门和创意有趣的内容，同时在抖音官方介绍中，抖音鼓励的视频有以下几个特点，运营者在制作原创中、长视频内容时，可以记住这些原则，让作品获得更多推荐。

① 场景、画面清晰，用户能将清视频中的线索，看懂视频中的内容。

② 记录自己的日常生活（健康向上），以及多人类、剧情类、才艺类、心得分享类、搞笑类等多样化内容，不拘泥于一种风格。

图 8-14 在账号资料部分进行引流

8.4.3 硬广告引流法，适合大品牌

硬广告引流法是指在视频中直接进行产品或品牌展示。建议运营者购买一个摄像棚，将平时朋友圈发的反馈图全部整理出来，然后制作成照片电影来发布视频，如减肥的前后效果对比图、美白的前后效果对比图等。例如，某抖音官方账号联合了其手机代言人进行硬广告引流，如图8-15所示。

图 8-15　联合代言人进行硬广告引流

8.4.4　直播引流法，收获更多流量

直播对运营者来说意义重大，具体内容如下。

① 运营者可以通过直播销售商品，获得收益。

② 直播也是一种有效的引流方式。在运营者直播的过程中，只要用户点击关注，他们便会自动成为其抖音账号的粉丝。

在电商直播中，用户只需点击界面左上方的账号名称和头像所在的位置，界面中便会弹出一个账号详情对话框。如果用户点击对话框中的"关注"按钮，原来"关注"按钮所在的位置将显示"已关注"。此时，用户即关注了该直播所属的抖音账号。除此之外，在直播界面中还有一种更方便的关注方法，那就是直接点击直播界面左下方的"关注"按钮，如图8-16所示。

图 8-16　通过直播关注抖音账号

8.4.5 抖音评论引流，两种常见手段

对运营者而言，评论引流主要有两种方式，分别是评论热门视频引流和回复用户评论引流，下面分别介绍。

（1）评论热门视频引流

据相关数据显示，抖音的账号定位几乎覆盖了所有细分行业。因此，抖音运营者可以关注与相关行业账号或同领域的相关账号，并选择性地在他们的热门视频下进行评论，在评论中打一些软性广告，吸引他们的部分粉丝关注你的账号。

例如，卖健身器材的账号可以关注一些热门的减肥账号，因为减肥和健身器材有相关性，关注减肥账号的抖音用户会很乐意购买你的健身器材。此外，运营者可以到网红作品或同行作品下进行评论，评论的内容也很简单，组织一些软性广告语言即可。评论热门作品引流主要有两种方法。

① 评论网红作品：网红作品自带极大的流量，其评论区是最好的引流之地。

② 评论同行的作品：同行作品可能流量不及网红作品，但是运营者在其评论区引流，可以获得精准的粉丝。

具体来说，做瘦身产品的运营者，可以在抖音搜索瘦身、减肥类的关键词，即可找到很多同行的热门作品，如图8-17所示。运营者只需在热门视频中评论用过自己的产品之后的良好效果，其他用户就会对产品表现出极大的兴趣。如图8-18所示为某健身器材销售者在热门瘦身视频中的评论。

图 8-17　搜索瘦身类视频图

图 8-18　某健身器材销售者的评论

运营者可以参考上面两种方法，学会融会贯通是最好的。不过，运营者需要注意评论的频率和话术。具体来说，就是运营者不能太过于频繁地评论，以免被其他账号举报。另外，运营者评论的内容绝不能千篇一律，更不能带有敏感词和违规信息。

运营者评论网红或大咖的热门作品进行引流，需要有一些诀窍。

① 运营者可以注册几个小号，然后用小号在热门作品下评论。比如，服装账号的评论内容可以这么写："×××网红的这身裙子很漂亮，我发现他这里有同款和同风格的裙子@大号"。这样的评论内容往往比干巴巴的"想看更多精彩视频，请大家关注我"有用。另外，小号信息要设置好，最好让人感觉是一个普通用户。

② 用大号去评论需要注意，不要在评论区刷屏，尽量给用户留一个好印象，太频繁地评论可能被系统禁言，或者被该网红的粉丝举报。建议大家尽量选择不同的网红作品进行评论，而且只评论该网红的2~3个作品。

（2）回复用户评论引流

在自己视频的评论区，运营者看到的用户大多是精准粉丝和有潜在变现能力的用户。当然，运营者还可以在评论区回复用户的评论，用评论内容直接进行引流，如图8-19所示。

图8-19　抖音评论区人工引流

8.4.6　矩阵引流法，打造流量池

抖音矩阵是指通过同时运营不同的账号，打造一个稳定的粉丝流量池。道理

很简单，运营1个抖音号是运营，运营10个抖音号也是运营。打造抖音矩阵基本
都需要团队的支持，至少要配置2名主播、1名拍摄人员、1名后期剪辑人员，以
及1名推广营销人员，从而保证多账号矩阵的顺利运营。

　　抖音矩阵的好处有很多。首先，可以全方位地展现品牌特点，扩大影响力；
其次，还可以形成链式传播来进行内部引流，大幅度提升粉丝数量。例如，华为
便是借助抖音矩阵打造了多个账号，同时用来吸粉引流，如图8-20所示。

　　抖音矩阵可以最大限度地降低多账号运营的风险，这和投资理财强调的"不
把鸡蛋放在同一个篮子里"的道理是一样的。多个账号一起运营，无论是做活动
还是引流吸粉，都可以达到很好的效果。运营者在打造抖音矩阵时，还有很多需
要注意的事项。

图 8-20　抖音矩阵

　　① 注意运营账号时的行为，遵守抖音规则。
　　② 一个账号一个定位，每个账号都有相应的目标人群。
　　③ 内容不要跨界，小而美的内容是主流形式。

　　这里再次强调抖音矩阵的账号定位，这一点非常重要，每个账号人设的定位
不能过高或过低，更不能错位。总之，既要保证主账号的发展，又要让子账号能
够得到很好的成长。

8.4.7　互推引流法，掌握基本技巧

　　此处的互推引流法和互粉引流玩法比较类似，但是渠道不同。互粉引流法主
要通过社群来完成，而互推引流法则更多的是直接在抖音上与其他用户合作，来
互推账号。在与其他账号合作互推时，运营者还需要注意一些基本原则，这些原

则可以作为选择合作对象的依据，具体如下。

- 粉丝的调性基本一致。
- 账号定位的重合度比较高。
- 互推账号的粉丝黏性要高。
- 互推账号要有一定数量的粉丝。

不管开通的是个人号还是企业号，大家在选择要进行互推的账号时，还需要掌握一些账号互推技巧，其方法具体如下。

- 不建议找那些有大量互推的账号。
- 尽量找高质量、强信任度的个人号。
- 从不同角度去策划互推内容，多测试。
- 提升对方账号展示自己内容的频率。

企业号互推主要有以下3种技巧：

- 关注合作账号基本数据的变化，如播放量、点赞量、评论转发量等。
- 找与自己行业内容相关的企业号，以提高用户的精准程度。
- 互推的时候要保证资源平等，彼此能够获得信任。

随着抖音在人们生活中出现的频率越来越高，它不仅仅是一个视频类社交工具，也成了一个重要的商务营销平台，通过互推，别人的人脉资源很快也能成为你的人脉资源，长久下去，互推会极大地拓宽你的人脉圈。有了人脉，还怕没生意吗？

8.4.8 抖音私信引流，获取私域流量

抖音提供了"发信息"功能。一些用户可能通过该功能给运营者发信息，运营者可以时不时看一下，并利用私信来进行引流，有需要的甚至可以直接引导用户加微信号或联系方式等，将用户变成私域流量，如图8-21所示。

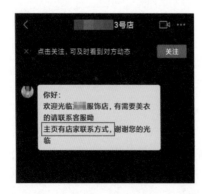 

图8-21 利用抖音私信消息引流

第9章

视频号：让内容得到更多的曝光

尽管微信推出视频号之后，许多运营者立马开通了账号。但是，还有很多人对微信视频号的基础知识不甚了解。

因此，本章将介绍微信视频号的一些基础知识，帮助大家从零开始，快速入门微信视频号运营。

9.1 视频号诞生背景，争夺用户时间

在互联网时代，各个平台之间的战争，本质上就是对用户时间争夺的战争。因为对平台来说，获得的用户越多，占据用户的时间越长，平台获得的商业空间也就会越大。

在2019年的"微信之夜"上，负责人说："一个人不管有多少好友，基本上每个人每天在朋友圈里花的时长是30分钟左右，所以当朋友圈的半小时刷完之后，用户就会寻找别的消遣，短视频是其中最多的选择。"抖音、快手等视频平台的发展，已经证明制作视频是一个极具发展潜力的行业，腾讯又怎么会放弃这一拥有巨大红利的领域呢？

9.1.1 借助5G时代，推进行业融合

中国庞大的人口基数和近些年智能手机的普及，给中、长视频的发展提供了很好的条件。而随着5G时代的到来，网络的传输速度变得更快，这将加速推进众多行业的发展和变革，中、长视频领域也是如此。

中、长视频将借着5G时代发展的机遇与其他行业达到更深入的融合，其行业规模存在很大的上升空间，视频营销也将得到更多企业和品牌的青睐，成为一种新的流行的营销模式。很多企业或品牌将视频作为推广产品、宣传品牌的重要切口，并将其作为提升知名度、打开市场的手段。

如图9-1所示为某视频号的主页，该企业就在视频号上发布了相关的中视频，以在市场上推广产品。

图9-1　某视频号主页截图

刷视频之所以成为大众用户炙手可热的娱乐方式，除了时代发展的原因，还有以下4个原因。

① 视频是一种用户触达内容的潮流方式。

② 视频是一种方便快捷并能及时获取信息的手段。

③ 视频抢占了用户大量的碎片化时间和注意力，因为它不像公众号文章那样需要用户深度阅读。

④ 内容丰富、感受直观的视频内容，更容易被用户接受。

借助网络的发展，微信作为免费的即时通信平台，牢牢掌控了中国人的移动社交。据统计，微信的日活跃用户超过10亿，可以说它是占据用户时间较长的App。但是，近两年抖音、快手等视频平台的快速发展，用户本来花费在微信上的时间被分走了。

2020年，Quest Mobile发布的数据显示：从2017年到2019年，腾讯系App用户使用时长占总使用时长的比例连续下滑，2017年6月所占比例为54.3%，到2019年9月下降到42%。而同一时间段，坐拥抖音的字节跳动系App的用户使用时长占比从10.6%上升到了12.5%。如图9-2所示为Quest Mobile发布的"移动互联网巨头系App使用时长占比"数据截图。

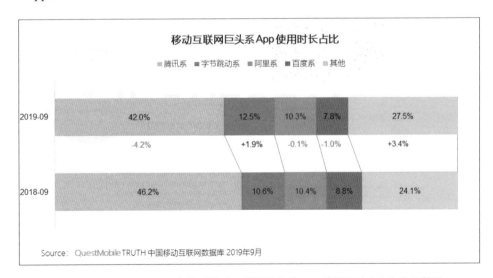

图 9-2　Quest Mobile 发布的"移动互联网巨头系 App 使用时长占比"数据截图

面对这样的情况，腾讯不能选择停留在原地，等着其他平台将自己的用户时间一点点"蚕食"。而且互联网时代的用户时间从一定程度决定了App的商业价值，所以为了抢占用户时间，腾讯推出了微信视频号。

推出视频号并不是腾讯在短、中视频领域的第一次尝试，不管是朋友圈的视频动态，还是之前推出的微视，都没有让腾讯在短、中视频领域站稳脚跟。而这次推出的视频号，承载了腾讯抢占短、中视频市场的雄心。

5G时代的网络技术给中、长视频的发展提供了更多的可能性，更快的网络传播速度、用户时间的碎片化、短内容阅读时代的到来等，都说明了推出视频号对腾讯来说具有抢回用户时间的战略意义。

9.1.2 各类视频爆红，收割巨大红利

在网上有一句话广为流传："2009年你错过了微博红利，2013年你错过了公众号红利，2018年你错过了抖音红利，2020年的视频号红利你绝对不能再错过！"

如果说微信公众号文章代表的是图文阅读的长阅读时代，那么观看以抖音为代表的短视频就是短内容阅读时代。如图9-3所示为某公众号发布的文章，虽然排版精美，但是在如今的"快餐文化"时代，很明显不如视频来得直观。

图9-3　某公众号文章截图

随着抖音、快手等视频平台的走红，用户对视频产品的依赖性越来越强，用户每天花在视频上的时间越来越多，用户在视频App上的留存率也不断提高。视频的发展不仅满足了用户休闲娱乐、打发零碎时间的需求，同时还能满足他们的社交需求和购物需求，而商业人也早已瞄准了这一拥有巨大流量的领域。

虽然视频已经有了一段时间的发展，比较早进入这一领域的一部分自媒体人已经赚得盆满钵满，但是视频市场的发展仍然有巨大的潜力，尤其是借着5G时代的东风，其流量红利仍不可限量。

比如，百度进入资讯行业，腾讯进入游戏领域，它们都不是最早的那一批，但是都后来居上，在各自的领域占得一席之地。所以，在收割中视频红利这一方面，视频号的推出虽迟但不晚，如果能好好利用微信这一巨大的流量池，其未来可期。

9.1.3　满足用户需求，占领市场高地

自腾讯推出视频号以来，人们对视频号有很多好的评价，也有很多不好的评价，例如，营销号多和相似内容较多等。但是这并不代表视频号发展前景不好，下面就和大家聊聊视频号未来的发展，以及它该如何占领市场的高地。

首先，快手和抖音等视频平台的爆红为视频号提供了实践经验。现在刷视频已经成为大家非常重要的休闲娱乐方式，快手、抖音视频的爆红也说明了广大的网友是有这方面的需求的，可见视频这一领域还是有相当好的发展前景的。

快手和抖音等视频平台为用户提供了表达的机会，它们的用户借助视频表达自己的观点和分享自己的生活，人人都可以成为创作者，创作的门槛相对较低。同时，人人都可以关注他人的生活。视频号推出的初衷便是一个人人可以记录和创作的平台，降低了创作的门槛。

还有一点是5G技术的发展和应用，对视频号来说是一个很好的契机，加上时间碎片化，用户可能并没有时间去阅读和研究一篇有深度的文章，在忙碌地工作一天之后，他们更愿意看视频来打发无聊的时间。

顺应时代的发展趋势，视频也许可以成为新的语言表达方式，利用其更高的信息负载率，降低沟通成本，同时实现人与人之间沟通价值的提高。

最后要说的一点是，现在视频市场还是在快速发展的阶段，市场并不饱和。抽象点说，我们可以把视频平台看作一个双边的网络市场，在这个网络市场里存在着视频内容创作者和视频内容需求者这两类不同的用户，他们出于不同的目的加入，并提供给对方所需要的东西，这种双边的网络市场有点类似淘宝的交易市场。

而这种双边的网络市场关系并不是牢不可破的，只要视频号能给用户所需求的东西，一样可以成功打入中、长视频领域。

9.2　简单介绍，认识视频号

作为微信的一个重要功能，微信视频号一经推出就吸引了许多人的关注。然而这其中有一部分人只知道微信视频号是微信新增的一个入口，却没有具体了解

过微信视频号。因此，本节就带大家了解微信视频号。

9.2.1 视频号基本定义，人人可以创作

短、中视频是近几年来流量聚集量最大的内容形式，腾讯一直想进入短、中视频这一领域，但是却四处碰壁。2018年春节，腾讯推出了腾讯微视App，并通过邀请明星入驻和发红包的方式吸引用户。然而，这种疯狂引流并没有让腾讯微视的体量赶上抖音和快手。

我们来看一组数据，2020年春节前快手日活量为3亿，而后来居上的抖音以4亿的日活量远远超过了快手。2019年底，腾讯微视负责人在内部会议上说："希望明年微视能达到5000万日活量（Daily Active User，DAU）。"我们从这一组数据对比就能看出，快手和抖音已经将腾讯微视远远甩在了身后。但是，我们都很清楚，腾讯是不会轻易放弃中视频这块"蛋糕"的，毕竟微信用户数量摆在那里。如图9-4所示，2018年微信的月活跃用户已高达10.8亿人，而根据腾讯给出的数据，2019年微信月活跃用户已经超过11亿人。

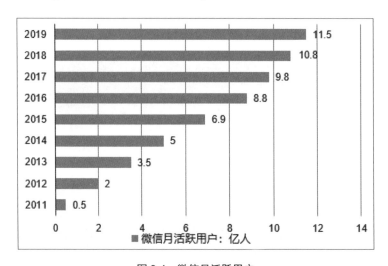

图 9-4 微信月活跃用户

果不其然，腾讯继微视失利之后，于2020年1月22日推出微信视频号，继续吹响进军短、中视频领域的号角。很多运营者已嗅到了视频号"爆红"的气息，积极参与了视频号内测。

很多读者对此很困惑，腾讯一方面投资了快手，另一方面又自己推出腾讯微视，此时又上线微信视频号，腾讯究竟在干什么？

（1）腾讯为何做视频号

在快手和抖音的带动，以及5G技术的普及下，短、中视频不仅显现出巨大

的流量红利，而且开始抢占腾讯微信用户时长。再加之腾讯微视在中视频领域缺乏竞争力，腾讯亟需一个中视频平台填平沟壑。

如表9-1所示为2020年3月新型流量平台数据，可以看出抖音流量与日俱增的现象，已经给腾讯造成了一定的困扰。

表 9-1　2020 年 3 月新型流量平台数据

	抖音	快手	哔哩哔哩	小红书
月活跃用户数（万）	51 813	44 343	12 158	7 714
月活跃用户数同比增长率	14.7%	35.4%	32.0%	15.3%
活跃率	57.2%	48.3%	26.4%	33.1%
人均使用时长（分钟）	1 709	1 205	978	373
人均使用时长同比增长率	72.5%	64.7%	41.5%	50.8%
活跃用户7日留存率	86.8%	83.0%	72.8%	53.4%
卸载率	7.2%	9.8%	9.1%	14.6%
流量中心化程度	高	一般	较高	较高
粉丝与内容连接程度	较高	较高	较高	较高

① 弥补微信内容生态。

抛开不温不火的微视，其实微信还是拥有两项短视频功能的，其一是只能发15秒短视频的微信朋友圈，如图9-5所示。

图 9-5　微信朋友圈的短视频

微信朋友圈的短视频缺点很明显，主要来说有以下两点。

·朋友圈短视频处于微信私密入口，属于个人密闭空间，无法像抖音视频那样广泛传播。

·朋友圈短视频时长只有15秒，无法承载太多视频内容或信息。

此外，微信公众号中也可以接入短视频，但是一般来说公众号里的视频大多不是短视频，时长相对来说比较长。如图9-6所示为某微信公众号中的视频，可以看到该公众号的视频长达10多分钟，而且视频画面也配有精美的演示动画，制作成本相较普通中、长视频高一些。

图 9-6　某微信公众号中的视频

腾讯推出微信视频号就是为了补全微信的内容生态，将小程序、公众号和视频号打造成一个闭环营销链路。

那么，微信视频号主要是对微信哪些方面的内容进行补充呢？通过前面的内容可知，微信视频号为微信补全了短内容平台、中距离广告能力和用户的被动获取能力。

·短内容：微信公众号更适合发布长篇幅、有深度和专业的内容，不适合发布短内容，也不适合短内容创作者发展。

·中距离广告能力：朋友圈的传播能力有限，不能突破5 000个微信联系人的限制。

·用户被动获取：这主要是受到微信公众号核心机制的限制，需要关注公众号才能获取内容，再加上用户很少自己主动去搜索公众号，所以微信视频号出现之前，微信公众平台的用户一般都缺失被动获取能力。

② 抓住中、长视频的红利。

近几年，中视频的爆红给中、长视频创造了巨大的红利，微信团队肯定不愿意放弃中视频这一拥有巨大红利的领域。微信作为免费的即时通信平台，盈利的方式有很多，例如平台内的广告、公众号的抽成及微信支付等，但是想要获得大规模盈利却并非易事。

而对企业来说，为用户提供免费服务，一方面是为了把用户留在平台内，另一方面也是为了获取更长久的利益。所以，随着微信用户逐渐稳定，微信盈利的可增长空间也变得有限。这是关于微信盈利方面的原因，还有微信自身生态内容的缺失。

（2）微信视频号入口

微信视频号的入口相对来说是比较显眼的，它就在"发现"界面的"朋友圈"下方，如图9-7所示。如果"发现"界面未显示视频号入口，运营者可依次选择"我"|"设置"|"通用"|"发现页管理"选项，进入"发现页管理"界面，点击视频号按钮开启视频号，如图9-8所示。

图 9-7　微信视频号的入口

图 9-8　开启视频号

9.2.2　功能特点，可深入了解

下面笔者聊聊关于视频号的功能特点，帮助运营者更深入地了解视频号，方便以后进行精准定位和精细化运营。

（1）顶部功能

进入微信视频号后，瞩目的莫过于顶部的3个功能：关注、朋友和推荐。其中，"朋友"界面显示的视频是基于微信好友数据统计的，其中不仅会显示朋友发布的视频，连朋友点赞过和看过的视频也会一起显示，如图9-9所示。

图9-9　"朋友"界面

（2）可以发布时长在1分钟以上的视频或9张以内的图片

运营者在微信视频号平台上可调用系统相机拍摄，也可从相册里选择。不过，视频时长最短不能低于3秒。如图9-10所示为微信视频号内的视频与图片内容。

图9-10　视频（左）与图片（右）内容

视频号上图片的显示方式和朋友圈的九宫格不同，只能左右滑动查看，而且发布的图片不能点击放大，也不能保存，如果图片中有二维码，人们也不能长按识别。

（3）视频自动播放

运营者在进入微信视频号的主页面之后，刷到的视频内容都是自动循环播放的，不能暂停，视频播完之后会自动重播，不会跳到下一条视频。

（4）视频号的标题辅助表达

微信视频号的文字介绍部分（包括标题）最多可以写140个字，但是不会全部显示，可以显示两行字，其余的会被折叠。当然，只要用户点击空白处或省略号便可看到全部内容。

如图9-11所示，第一个微信视频号内容的文字介绍内容较少，用户能全部看见，而第二个微信视频号内容的文字介绍部分较长，想要看全部内容，就需要点击空白处或省略号。

图 9-11　微信视频号的文字介绍

（5）点赞、评论、收藏与转发

腾讯刚推出微信视频号时，视频底部是没有收藏和转发按钮的。随着微信7.0.15版本的发布，视频底部已经添加了收藏和转发按钮。此外，视频有两种点赞方式，运营者既可以双击视频，也可以点击下方的点赞按钮进行点赞，评论则需要进入评论区才能全部看到。

一般来说，不建议大家写很长的文字内容，这样不利于吸引视频号用户进行点赞、评论、收藏和转发。

9.3 快速实现突围，决战视频战场

短、中视频的出现和发展颠覆了人们传统的消费方式，关于短、中视频的"消费"趋势不用多说，我们通过以往的市场数据已经可以看出短、中视频消费的无限潜力。视频号已经开始公测了，在短、中视频这个"战场"，微信团队显得不急不慢，而先发展的抖音、快手和火山小视频等视频平台已经站稳脚跟，"姗姗来迟"的微信视频号还有机会吗？

微信负责人在2020微信公开课上说："（微信公众号）我们一不小心把它做成了以文章作为内容的载体，使得其他短内容的形式没有呈现出来，使得我们在短内容方面有一定的缺失。"

可以说，微信公众号是微信推出的一个划时代产品，在以文字为载体的阅读时代，给整个自媒体生态带来了勃勃生机。但是，在如今以视频为载体的阅读时代，微信视频号目前才刚刚起步。

9.3.1 视频号用户需求，背靠庞大的用户群

微信作为免费的即时通信工具，拥有的日活跃用户数超过10亿，可以说其用户群非常庞大。对现在的人来说，刷视频是他们重要的休闲娱乐方式，也就是说，在微信用户群中有很大一部分用户对视频是有需求的。

微信用户也可以看作是大众用户，以前他们在微信里更多的是阅读公众号文章等长内容，现在随着中视频的爆红，他们更想要在阅读长内容的同时也能阅读更多的以中视频为载体的内容，以便能获得更好的阅读体验。

微信用户除了有阅读以中视频为载体内容的需求，还有社交的需求。微信好友的上限是5 000人，但是在这个时代，微信用户有认识更多人的需求，他们希望和更多的人分享自己的生活和观点，也希望知晓别人的生活和观点。

每个人都有表达的欲望，都有社交的需求，而抖音和快手等更偏向于娱乐休闲，社交性并不强，视频号背靠微信，基于已有的社交关系链，社交性更强。可以说，视频号首先是从身边熟悉的社交关系出发的，之后再通过关系链，慢慢地向更广泛意义的表达和关注。

9.3.2 市场发展分期，处于早期大众阶段

可以说，抖音和快手等视频平台的爆红证明了以视频为载体的内容有着巨大的毋庸置疑的用户价值。抖音和快手作为发展比较早的视频平台，现在的日活跃用户数都已经达到几亿了，他们的运营机制经过前期的摸索，也日趋成熟，成为

短、中视频领域的两巨头。

实际上，在中、长视频这个没有硝烟的战场，各个视频平台经过前期的摸索，其主要打法已基本成型。根据杰弗里·摩尔（Geoffrey Moore）所著的《跨越鸿沟》一书中的观点来看，视频市场现在已经跨过"鸿沟"，处于"早期大众阶段"。如图9-12所示为摩尔所著的《跨越鸿沟》书中关于市场的发展阶段。

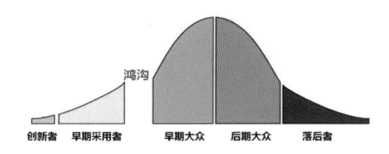

图 9-12　《跨越鸿沟》书中关于市场的发展阶段

在这个阶段，视频市场还有很大的潜力。例如，某品牌进入手机领域和腾讯进入网络游戏领域时都处在这个阶段，他们最后取得的成功有目共睹。在"早期大众阶段"，视频号运营者如果能发挥自己在用户群和社交性等方面的优势，找好自己的定位，推出并完善自身的功能，其未来可期。

9.3.3　视频号未来设想，增加市场竞争力

根据负责人在微信公开课上的讲话"我们缺少了一个人人可以创作的载体"可以知道，视频号存在的意义主要就是将内容创作的权利交还给每一个普通用户身上。

但是，视频号还只处于前期阶段，它的形态和功能的发展还有很多可能性，笔者在这里提出了几个设想，希望能帮助大家更进一步地了解视频号，让大家在运营视频号时，不至于手足无措。

（1）推出自己的视频剪辑工具

抖音有自己官方的视频剪辑工具，也就是剪映。而对视频号来说，推出自己的视频剪辑工具，降低了内容创作的门槛，有利于吸引更多的内容创作者在视频号上发布原创视频内容，这样也能吸引更多的用户注册使用视频号。

（2）加入"长按功能"

目前用户在视频号上刷视频，只能按照官方推荐来观看。虽然可以发送给微信好友和分享到朋友圈，但是需要先点击"更多"按钮。如果加入"长按功能"，用户可以在长按视频之后，实现更多操作。"长按功能"是现在人们在上

网时普遍会使用的功能，视频号加入"长按功能"之后，既符合大家的上网习惯，又能让大家也能获得更好的用户体验，更有利于视频号未来的发展。

（3）与微信其他生态内容基本打通

视频号作为微信生态内容的补充，现在除了可以在视频号下方插入公众号文章，并没有看到更多视频号与微信其他功能之间的联系。实现视频号与微信其他生态内容打通、互相引流，还任重而道远。最重要的一点是，运营者可以把微信用户最大限度地转化为视频号用户，这也有利于视频号在中、长视频领域实现突围。

（4）新增图片视频全屏展示功能

不管是抖音、快手等视频平台，还是优酷、腾讯等视频网站，甚至是微博等媒体网站，用户在观看视频时，一般都会选择全屏观看。用户已经形成了一种全屏观看视频的习惯。视频号也在尽力迎合用户的观看习惯，减少用户的迁移成本，将观看方式改成了全屏。

（5）关于直播

直播带货是视频非常重要的变现方式，也是视频号重要的变现方式。运营者可以通过直播的方式带货，从而获得更多的利益。

9.4 发挥微信优势，抗衡其他平台

视频号虽然刚刚起步，各个方面还很难跟抖音和快手等成熟的视频平台抗衡，但是视频号有抖音、快手等视频平台没有的优势。笔者这一节就来分析一下视频号在中视频领域的优势。

9.4.1 10亿日活助力，吸引巨大流量

以抖音为例，抖音是字节跳动推出的一款产品，属今日头条的旗下。今日头条本身就拥有很大的流量，字节跳动采取高频打低频的策略，借助今日头条的巨大流量带动抖音流量的快速增长。

虽然今日头条的流量很大，但是和微信比起来是有不小差距的。据统计，微信的日活跃用户达10亿，所以这种用高频打低频的策略同样适用于微信视频号，然后再借助微信的社交关系，利用得好就会给视频号吸引巨大的流量。

大家还记得微信是如何崛起的吗？最开始流行的是QQ，后来才有的微信，但是微信慢慢取代QQ，成了人们最常用的社交软件。其实，当年腾讯就是利用QQ的社交关系网，将流量引流至微信的。

抖音就很难利用微信的社交关系，因为抖音运营者没有办法直接吸引微信

用户关注自己的抖音号，就算是将抖音视频分享到朋友圈，其引流的效果也并不好。因为微信和抖音是两个不同的App，微信好友看过你的分享之后想要关注你，还需要再重新打开抖音，这样也会损失一部分流量。

而视频号属于微信推出的产品，运营者不需要在两个App之间来回折腾，所以其引流效果也会更好，而且更有利于视频号的推广。如图9-13所示，点击内容界面"分享"按钮，就会弹出一个新界面，你可以将该视频发送给微信好友，或者分享到朋友圈，也可以添加到微信收藏。

图 9-13　点击相应按钮进入新页面

9.4.2　无差别降维渗透，未来发展可期

一般来说，一个新产品的推广都是先基于某一个圈层的，然后再向其他圈层渗透。比如，快手是从四五线城市向上探的，也就是说，快手先在四五线城市推广开来，最后渗透到一线城市；抖音则相反，它是从一线城市下探的。

在这一方面，视频号则基本上是从一线城市到四五线城市同步发展的，也就是说视频号是无差别降维渗透，这样更利于视频号大量的引流和未来的发展。

9.4.3　建立私域流量，增加变现方式

笔者前面所说的两点是针对视频号来说的，而建立社交闭环和私域流量更多的是对视频号运营者有利的，当然也有利于视频号平台自身的发展。

在抖音中有很多抖音运营者将自己的微信号写在账号主页的简介处，此举也是为了建立自己的私域流量池，将抖音用户导流到微信中去，建立更亲密的社交关系，便于后面变现。

视频号的战略定位就是补全微信的内容生态，其与微信的相关联系更加快速和精确，导流效果也会更好。人们可以通过微信好友、社群、朋友圈及公众号推广自己的视频号，也可以将视频号用户转化为微信好友，建立微信+社群+公众号+视频号的社交闭环和私域流量生态。

9.5 牢记3大要点，助力账号出圈

运营者想要出圈，首先需要在视频号上发布优质内容，然后配上比较好的文案和标题。除了发布优质的内容，笔者还整理出了一些辅助方法，让你的视频号获得更多的关注和喜爱。

9.5.1 制作吸睛封面，用户印象深刻

了解公众号的用户应该知道，在公众号发布的文章，其封面的展示方式大部分都是"标题+图片"，而不是单纯的一张图片，如图9-14所示。而且图片可以是文章中的，也可以是没有在文章中出现过的。一般这样做追求的是既吸引用户目光，又贴合文章内容，因为封面的好坏几乎决定了用户是否点击观看。其实除了公众号文章，其他图文消息的封面展示基本都是"标题+图片"的形式。

图9-14 公众号发布文章的封面截图

如图9-15所示为视频号用户发布视频内容的封面截图。视频封面展示方式与图文消息不同。一般来说，运营者会将重要信息或吸引人的信息，用醒目的文字添加到封面上，这样做有两点好处。

图 9-15　视频号用户发布视频内容的封面截图

① 视频号运营者可以通过封面迅速吸引其他用户的注意，其他用户也可以第一时间判断出自己是要跳过这条视频还是继续观看，无须多浪费时间。

② 封面文字比较醒目，便于运营者和用户后续的查找和观看，节省时间。

9.5.2　连载故事内容，获得持续关注

就视频而言，在视频号发布的视频时长适中。对某些运营者来说，有时候在短时间内并不足以讲明白一个故事，而且对视频号运营者来说，每期视频都出一个新的创意或新的故事，人力成本和时间成本太高。经常刷视频的用户应该有在其他视频平台上看到以类似"连续剧"的形式更新的中视频内容，我们可以称之为"连续剧式策划"。

某些视频号运营者将自己的视频内容分为上、下两集，在上集制造悬念引起其他用户的兴趣，有喜欢此内容的用户还会在评论区催更新，期待下集揭开谜底。这种类似"连续剧"的内容，容易引起视频号用户的持续关注，同时也能带动下集视频的观看量，而且视频的完播率也会比较高。

9.5.3 借助平台优势，吸引更多流量

许多网红原本都名不见经传，却借助抖音平台火起来了。比如，现在已经进军娱乐圈的某网红，因为在抖音上发布一条《心愿便利贴》的手指舞视频而大火。

他发布这条视频时，《心愿便利贴》正是当时抖音平台的背景音乐，手指舞也正是爆红之时，再加上他自己的减肥励志故事，使得他的抖音号获得了不少人的关注，变成了一个比较火的网络红人。

所以，很多运营者专门挑近期比较火爆的音乐跟拍，这种借助平台已有流量的背景音乐，用户比较爱看，视频也更容易火。

对视频号的运营来说，虽然大家都处于初级阶段，但是内容的编辑和运营"万变不离其宗"。运营者将微信生态运营经验和其他视频平台的运作经验结合起来，掌握视频号运营要点，第一波红利就近在眼前。

9.6 各大平台对比，一览视频号优劣

短、中视频领域基本已经成了抖音、快手、西瓜视频和B站的天下，腾讯当初推出的微视未能打开腾讯的短、中视频之路，如今卷土重来的微信视频号能否当此大任？下面将通过与抖音、Instagram进行对比，展示视频号的优缺点。

9.6.1 视频号对标抖音，胜算能有几何？

微信以人、内容和服务为中心，构建了一个独特的内容生态体系，而微信视频号的战略定位是补全微信的生态内容体系，即补齐微信短内容板块。短内容创作的门槛相对较低，视频号便降低了创作的门槛，给了不擅长公众号图文写作的人一个创作的平台和表达观点的窗口。

因为抖音同样是一个以短内容为主的平台，所以视频号被许多人视为是在对标抖音。那么，微信视频号对标抖音，胜算几何呢？接下来，笔者就来进行具体分析。

首先需要跟大家说明的是，抖音的机制是根据用户喜好推荐相关视频，所以我们在刷抖音时会看到很多相同类型的视频。而微信视频号目前还在发展初期，其机制内测时还是官方统一推荐，不过随着微信视频号的发展，已经可以根据"用户喜好"进行推荐。

了解了抖音和视频号各自的算法机制之后，笔者接下来就从微信视频号和抖音的用户、抖音的先发优势、粉丝的迁移成本等来聊一下视频号与抖音的各种情况。

（1）用户群体的优劣势

据统计，微信的日活跃用户数超过10亿，抖音日活跃用户数超过5亿。在用户数上抖音要比微信少得多，而微信视频号作为微信推出的补全其短内容板块的平台，背靠微信巨大的用户量，发展前景一片大好。

虽然抖音的用户比微信少很多，但是抖音的用户都是确确实实有短、中视频需求的用户。微信的日活跃用户目前并没有转化为视频号的用户，并不能保证这些用户是对短、中视频有需求的，而且最终能转化为视频号用户。

（2）抖音的先发优势

在笔者看来，抖音有两个先发优势，具体分析如下。

① 抖音的生产端用户有先发优势。

生产端用户即内容创作者一般对一个平台的忠诚度不高，我们经常可以看到内容创作者在很多视频平台都有账号，发布的内容也是基本相同的。

加上抖音的各种功能比视频号要更加成熟，所以微信视频号开放之后，很多微信视频号运营者都是直接搬运自己在抖音发布的内容，而这些内容不排除部分微信视频号用户已经看过了，也就不能吸引到他们了。

如图9-16所示为某音乐博主在抖音和视频号上发布的同一条视频，我们可以看出这条视频在视频号上点赞数是5 000多个，评论数不足300条；在抖音上该视频点赞数达到了20多万个，评论数超过了5 000条。这并不是个例，而是微信视频号所面临的比较现实的问题。当然，微信视频号还处于发展初期，这样的现象是正常的。

图9-16　发布在不同平台上的同一条视频

② 抖音平台的工具和运营策略有先发优势。

抖音的各项功能和工具在这些年的发展中已经日趋完善。以视频剪辑器为例，剪映是抖音的官方视频剪辑器，所以剪映的各种功能都是和抖音紧密相连的，从剪映可以直接进入抖音界面，而且剪映还提供各种抖音热门的视频背景音乐模板，用户可以模仿其风格制作自己的视频。

其实剪映非常适合一般的用户剪辑视频，用户不需要有很好的剪辑技能，所以很受抖音用户甚至非抖音用户的喜欢。微信视频号暂时只有一个简单的剪辑器，无法进行复杂的剪辑操作。

抖音运营现在已有了成熟的运营机制，不管是对内容的把控和引导，还是与大V和明星的合作，都有了自己的一套程序，而微信视频号还处在摸索阶段。笔者认为，微信视频号可以在借鉴抖音成功运营经验的基础上，发展自己的特色，创造新的亮点。

③ 抖音的原创内容有先发优势。

首先抖音的内容产品包括短视频、中视频、长视频、直播等，相比于视频号只能发布视频和9张以内的照片，产品要丰富得多。此外，抖音非常注重与视频搭配的音乐，现在有很多老歌或新歌都是先在抖音上火起来，然后才在各个音乐网站流行。

例如，《学猫叫》《处处吻》《芒种》等都是抖音热歌。对短、中视频来说，配乐的好坏直接影响着视频的质量，可以说抖音在音乐的制造、运营和推广方面有不可小觑的优势。相比之下，视频号对音乐的重视程度还不够。

（3）微信视频号起步晚

抖音已经在视频领域站稳脚跟，而视频号推出时间较短，申请注册视频号的用户也还在起步或稳定阶段。不过，微信用户开通视频号账号比开通抖音号简单，它直接调用微信数据（如昵称、头像等）作为视频号的开户资料。

（4）用户的迁移成本

用户的迁移成本是指什么？换句话说就是，面对同质化严重的内容，用户已经习惯了在抖音上观看，要想把他们吸引到微信视频号上来需要花费很多的时间和精力。微信视频号和抖音的内容界面有差异，用户需要适应。

其实，抖音也有社交属性，只是实质更偏向视频娱乐，而微信视频号目前看起来比较像朋友圈的视频版，社交性更强。

9.6.2 对标Instagram，视频号是其国内版？

微信创始人曾在演讲上强调："朋友圈本质上是什么？朋友圈其实开创了一个新的社交场所，其实它不止是一个时间流，我把它比喻成一个广场。你每天会花半小时从广场走过，你可以看到广场里面有一堆人在那里讨论不同的东西，有各自的主题。你经过的人群里都是你认识的人，并且你可以停下来参与到任何一个小圈子去讨论。但是这个广场（朋友圈）因为它的封闭性，带来了社交压力。如果把这个广场开放出来，依然是社交场所，但是社交压力小得多，而且会更丰富。"

按照该创始人的这种期待，视频号其实更像是Instagram，甚至有人说，视频号就是国内版的Instagram。如图9-17所示分别为早期视频号和Instagram的界面。但是，随着视频号升级，视频号界面颜色改成了黑色，也适配了全屏沉浸模式，反倒越来越像抖音和快手界面了。

图 9-17　视频号和 Instagram 的界面

关于视频号对标Instagram，可以从以下几方面来看。

（1）视频号的形态

刚刚说了视频号的形态更像Instagram，它们两个的界面比较相似。此外，视频号虽然名称带"视频"二字，但同样也是可以发图片的。

Instagram以前其实是图片社区，视频、直播、Story和IGTV等视频功能都是后面慢慢开放的。现在的Instagram比较像我们的新浪微博，但是Instagram的社交性比较强，微博则属于媒体平台，社交性较弱。

（2）用户"看热闹"的需求

现在国内人们比较常见的"看热闹"的App就是新浪微博。不管是国际大事，还是生活琐事等各种新鲜事都可以在新浪微博上面看到。如果既想用微信和朋友联系，又想在微博上"看热闹"，就得在两个App之间来回切换。但是，微信推出视频号之后，用户"看热闹"直接在微信上就可以了，相对方便很多。

（3）满足陌生人社交的需求

视频号与Instagram比较相似的还有一点，就是两者的社交性相对于其他的平台来说是比较强的，为素不相识的人提供了一个互相认识的平台。

微信本就是一个即时的通信平台，虽说视频号是微信单独推出的功能产品，但是视频号始终都是微信内容生态的补充，和朋友圈一样，它的社交性不可否认。而微信朋友圈需要加微信好友之后才能看到；视频号则不需要加微信好友，不管是认识的还是不认识的，都可能看得到你所分享的内容。

9.7 4个注意事项，切不可违反

每个平台都有它的规则，微信视频号也是如此。因此，在微信视频号的运营过程中，视频号运营者需要了解该平台的规则。同时，一些与规则相关的事项一定要特别注意，尽量不要违规运营。

9.7.1 违规运营，会被封号

如果运营者违规运营微信视频号，那么将会面临被封号的风险（微信视频号官方的说法是"平台可能拒绝向该视频号及其使用人提供服务"）。究竟哪些违规行为可能面临被封号的风险呢？《微信视频号运营规范》第六条，即"六、遵守平台要求"进行了大致说明，如图9-18所示。

> ✕ 　　　微信视频号运营规范　　　···
>
> **六、遵守平台要求**
>
> 为了视频号平台的安全、有序地运营，用户需要遵守以下平台要求：
>
> 1. 视频号多次违规，或者涉嫌存在重大违法违规行为，或者微信有合理理由相信视频号存在其他可能严重损害微信用户合法权益的情况，平台可能会拒绝向该视频号及其使用人提供服务。

图9-18 "六、遵守平台要求"的相关内容

如果运营者看到该要求之后，觉得对于可能面临封号风险的具体事项还不确定，可以查看该规范的其他内容。在该规范的第四条和第五条中列出了可能进行封号处罚的违规行为。

具体来说，《微信视频号运营规范》的第四条列出了恶意使用微信视频号的

一些运营行为。如果运营者在运营的过程中，出现了这些违规行为。那么，账号将有可能面临被封号的风险。

在《微信视频号运营规范》第五条中，对传播不良信息的一些运营行为进行了说明。如果运营者在运营的过程中传播不良信息，同样有可能面临被封号的风险的。如图9-19所示为《微信视频号运营规范》第五条的具体内容。

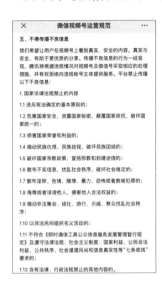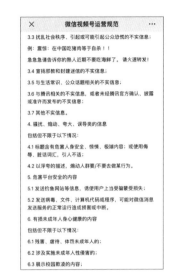

图 9-19　《微信视频号运营规范》第五条的具体内容

运营者在运营微信视频号的过程中，一定要遵守《微信视频号运营规范》。特别是该规范第四条、第五条列出的行为，在运营微信视频号的过程中，千万不要轻易去触碰。

9.7.2　侵权内容，会被限流

无论是哪个平台，都是不会鼓励侵权的。在微信视频号中也是如此，如果微信视频号的相关内容存在侵权问题，那么相关内容便会被限流，甚至直接被限制传播。在《微信视频号运营规范》第六条第3点中，对侵权限流的相关内容进行了说明，如图9-20所示。

> 3. 如果平台发现并有合理理由判断你的帐号名称、头像、简介、背景图片以及发布的内容、评论存在较高的侵权可能性（比如信息带有权利标识但缺乏授权、内容来源明显不当），可能会自动限制该部分信息的传播。

图 9-20　《微信视频号运营规范》第六条第 3 点的具体内容

9.7.3 诱导分享，会受处罚

在微信视频号中是禁止诱导分享的，如果微信视频号发布的内容中包含诱导分享的信息，那么相关账号将会受到对应的处罚。

具体来说，在微信视频号平台中，诱导用户可分为两种，一是"诱导用户进行分享、关注、点赞和评论"；二是"胁迫、煽动用户分享、关注、点赞和评论"。具体内容可见《微信视频号运营规范》第四条第4点，如图9-21所示。

> ✕ 微信视频号运营规范 ···
>
> 4. 诱导用户
>
> 4.1 利诱用户进行分享、关注、点赞和评论。比如以某种奖励进行诱导，包括但不限于：邀请好友拆礼盒，集赞，分享可增加一次抽奖机会等。
>
> 4.2 胁迫、煽动用户分享、关注、点赞和评论。比如用夸张、诅咒性质言语来胁迫、引诱用户分享，包括但不限于使用这些用语："不转不是中国人"、"请好心人转发一下"、"转发后一生平安"等。

图 9-21 《微信视频号运营规范》第四条第 4 点的具体内容

9.7.4 内容质量，决定权重

在微信视频号中，每个账号获得的权重都不尽相同。微信视频号平台会根据账号的权重来对账号发布的内容进行推送。通常来说，权重越高的账号，获得的推送量就会越多。因此，运营者要在账号的运营过程中，将账号权重的提高作为重点工作来抓。

在微信视频号中，决定账号权重的直接因素就是账号发布的内容和质量。所以，对于要发布在微信视频号中的内容，运营者一定要有严格要求，保证内容的整体质量。

具体来说，微信视频号内容的质量可以从两个方面进行把握。

一是内容的画面质量，也就是画面的观赏度。其中，最基本的要求就是画面要足够清晰，不能太过模糊。

二是用户对内容的反馈。也就是在微信视频号发布内容之后，通过完播率、评论量和点赞量等数据对用户对内容的感兴趣程度进行评判。通常来说，这些数据的数值越高，代表着用户对内容的反馈越好。

对运营者来说，账号权重会直接影响运营的效果，而视频质量又决定了账号的权重。因此，运营者一定要对发布的视频质量严格要求，通过持续发布高质量的内容来提高账号权重。

第10章

商业变现：探索中视频的营利模式

西瓜视频与B站是常见的中、长视频平台，它们的变现方法肯定有不少共同之处，本章介绍常用的内部变现渠道。此外，除了平台内部变现，运营者还可以积极探索外部变现方式，如微信公众号变现、淘宝变现、商演活动变现和接单平台变现等。

10.1 探索平台内部，诸多变现方式

B站和西瓜视频是典型的中视频网站，其中B站的营利模式比较完善，并且变现渠道多种多样。下面将以B站为主、西瓜视频为辅，为大家具体介绍中视频平台内部的变现方式。

10.1.1 投放广告，获得收益

在 B 站招股书中，广告收入只占比 6.5%，而游戏收入占比高达 83.4%。但在 B 站 2019 年第 3 季度的财报中，它的广告收入占比提高至 13%，手机游戏占比降低至 50%。

一年之后，也就是在2020年第3季度的财报中，B站收入结构进一步发生了变化，广告收入占比提高至17.3%，游戏业务降低至40%。这组数据意味着B站不均衡收入现象已开始改善，商业化步伐也已加快，如图10-1所示。

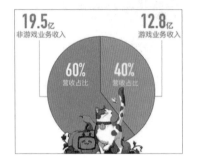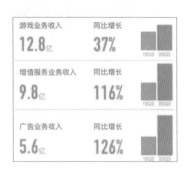

图 10-1　B 站 2020 年第 3 季度营收分布

B站除了收入结构与普通视频网站不一样，在广告业务这方面它也显示出了与众不用之处。爱奇艺、腾讯视频等视频网站最大的收入来源就是视频贴片广告，而我们所了解到的是B站承诺永不加视频贴片广告。

根据第三方人士分析，作为头条系产品的西瓜视频，它的DAU（日活跃用户数量）是今日头条的40%，但收入只有今日头条的20%。即便如此，西瓜视频的广告收入是B站的两倍多，但还是明显不如头部短视频应用，如抖音和快手。

正所谓"知己知彼，百战不殆"，B站和西瓜视频的广告收入较低，运营者有必要将重心从广告移到其他变现渠道上，而不是在广告变现上死磕到底。因此，本节也遵循现实规律，只简单地概括分析既有的中、长视频的广告变现方式，不会展开大篇幅分析广告数据。

（1）中、长视频基本变现方式

一般来说，中、长视频平台广告变现的方式有3种，分别是推广自己的商

品、与广告商合作，以及官方广告扶持。

① 推广自己的商品。

某些运营者会推广自己的贴纸、挂历等小商品，如图10-2所示。

图 10-2　运营者推广自己的商品

② 与广告商合作。

如果运营者粉丝多、流量大，那么就会有广告商主动找上门，比如B站某些
运营者就喜欢在视频中直接插入硬广，如图10-3所示。

图 10-3　通过广告变现

视频质量优良的运营者采用这3种广告投放方式来变现，非但没有引发粉丝的厌恶或"吐槽"，很多粉丝反倒能理解运营者接广告的行为，甚至在评论区回复"让他恰，让他恰""暴躁恰饭老哥"表示支持，如图10-4所示。此处的"恰饭"是方言词汇，赣方言、湘方言中"吃饭"的发音类似于"恰饭"，网友现在多用"恰饭"一词来暗指运营者接广告。

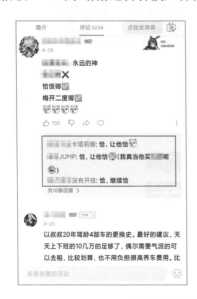 

图 10-4　广告视频下的评论

此外，在广告出现的瞬间，粉丝们还会用"防不胜防""233333""哈哈哈哈""6666"等词语来调侃运营者在视频中突然插入广告的行为，如图10-5所示。然而，在粉丝调侃行为的背后，正暗含着粉丝对运营者广告植入的认可。

图 10-5　粉丝调侃广告的弹幕

③ 官方广告扶持。

西瓜视频和B站都有官方广告扶持。以B站为例，参与悬赏计划的作品下方会出现商品广告，当用户点击运营者的推广链接购买商品时，运营者可以获得一定的分成，如图10-6所示。

图 10-6 运营者视频下方的推广

标有"运营者推荐"的悬赏计划广告都是运营者本人亲自挑选的，而且是符合B站广告审核标准的，至于具体说明如图10-7所示。

你看到这条广告是因为：

出现标有"UP主推荐"的广告是由于该UP主加入了"bilibili悬赏计划"。加入悬赏计划的UP主，可以自主选择广告，并关联在其视频下方，B站将根据UP主选择的广告曝光或商品销量为其发放收益。

- 是UP主本人挑选的广告吗？

标有"UP主推荐"广告都是由UP主自主选择并配置的，并且只能被配置到他们原创的视频上。

- 广告会为UP主带来收益吗？

在扣除相应平台管理费后，广告费会全部给到UP主。

- 广告是怎么通过审核的？

我们会对加入悬赏计划的广告进行人工审核，若您发现不良广告以及时与我们的广告姬 @哔哩哔哩商业广告 联系哦。

哪些用户会看到广告

我们向社区内的多数用户投放广告，由于APP版本差异，部分用户可能看不到该广告内容。

我的信息会被如何保护

平台会严格按照《网络安全法》等法律法规的相关要求，建立信息安全保障制度，采取技术措施和其他必要措施保护您的个人信息安全。您所有敏感信息都通过加密方式进行存储和传输。同时我们承诺，不会向任何广告主或其他第三方泄露您的身份和个人敏感信息，同时不会向任何人提供您的联系方式做营销之用。

如何处理我不喜欢的广告

当您对特定广告内容不感兴趣时，可以通过点击广告卡片上的"不感兴趣"按钮进行反馈操作，我们将减少该类型广告对您的推送频率。我们会对广告内容进行人工审核，若您发现违规广告，可以通过点击广告卡片上的"投诉"按钮进行投诉操作。

图 10-7 "悬赏计划"广告说明

（2）B站独有的变现方式

B站推出了"绿洲计划"，它希望通过这个计划让运营者在商业和创作之中取得平衡，如图10-8所示。

图 10-8 "绿洲计划"背景

运营者参与这个计划后，不仅能获得与广告商合作的机会，而且运营者的利益会受到进一步的保护，如图10-9所示。

图 10-9 "绿洲计划"目的

10.1.2 直播变现，兑换礼物

在B站，运营者收到的礼物可以换算成B站虚拟币"金瓜子"，而金瓜子可以按照1 000∶1的比例折现为人民币；西瓜视频的虚拟币是钻石，其折现比例也是1 000∶1。如图10-10所示分别为B站某运营者的金瓜子榜和礼物榜。

图 10-10 金瓜子榜（左）和礼物榜（右）

10.1.3 游戏变现，两种方式

同样是游戏变现，西瓜视频与B站的方式是完全不一样的。西瓜视频的游戏变现是间接变现，它的本质其实还是通过发布游戏类视频，获得西瓜视频"创作激励计划"收益，如图10-11所示。

图 10-11 西瓜视频游戏变现

与西瓜视频不同的是，B站游戏收入有3种形式，分别是独立代理、联合运营和独立开发，其中独立代理是B站游戏收入的主要来源。

根据B站财报披露，2017—2020年，虽然游戏业务在B站收入中所占比逐渐下降，但B站移动端游戏付费用户数依然在逐年增长。一是因为人们物质水平的提高导致娱乐游戏需求的增长，二是因为智能手机的飞速发展促进了移动端游戏的发展，三是B站一直在投资二次元游戏公司，如图10-12所示。

序号	投资日期	投资对象	主营方向	代表游戏	持股比例
1	2020年4月30日		研发商	-	39%
2	2020年5月11日		研发商	《魂器学院》	10%
3	2020年6月11日		研发商	《Project Doll》	10%
4	2020年6月28日		研发商	《机动战姬：聚变》《斯露德》	70%
5	2020年8月13日		研发商	《偕墨》《牧羊人之心》	17%
6	2020年5月14日		平台	米画师，对接平台	15%

2020年至今哔哩哔哩游戏行业投资
制图：游戏新知

图 10-12　2020 年至今 B 站游戏行业投资

如果运营者的账号是与游戏制作有关的企业号，可以通过授权B站独家代理权限来变现，如图10-13所示。当然，如果运营者只有一个普通账号，就只能通过游戏内容和提高视频播放量变现了。

图 10-13　B 站独家代理的游戏

10.1.4 电商变现，推广橱窗

西瓜视频有线上店铺，B站也上线了推广橱窗，运营者可以自行申请店铺或推广橱窗，通过卖货来变现，如图10-14所示。

图 10-14　西瓜视频店铺（左）与 B 站推广橱窗（右）

在西瓜视频上，运营者申请店铺只需有营业执照就行；而B站相对严格一些，运营者申请推广橱窗需要符合两个条件，一是粉丝数量大于等于1 000；二是打开计算机网页端的"收益管理"|"悬赏计划"界面，申请并绑定淘宝PID（"淘宝PID"指的是淘宝对外开放的身份识别号码），如图10-15所示。

图 10-15　申请推广橱窗所需条件

10.1.5　会员购变现，B站独有的方式

"会员购"是B站自己的一个电商变现平台，运营者可在直播或视频中引导用户购买二次元手办等。比如，动漫IP设计经销商在会员购上推出了一系列商品或漫展演出门票，如图10-16所示。

179

中长视频内容创作、拍摄剪辑与运营一本通

图 10-16　商品（左）或漫展演出门票（右）

10.1.6　参与激励计划，获得利益分成

西瓜视频和B站都推出了"创作激励计划"，让运营者们通过自己的原创视频获得相关收入。以西瓜视频为例，哪怕运营者只有一个粉丝，也可以加入"创作激励计划"，开通创作权益。此外，西瓜视频的创作权益是分等级的，不同粉丝数量的账号，开通的创作权益也会有所区别，如图10-17所示。

图 10-17　西瓜视频创作权益等级

以B站为例，截至2021年4月，"创作激励计划"适用的范围是B站的视频、专栏稿件和BGM素材，该计划的具体详情和参与计划的具体条件如图10-18所示，符合这些条件的运营者可申请加入"创作激励计划"。

图 10-18　创作激励计划

与西瓜视频的分成相似，运营者加入B站的"创作激励计划"，并且播放量达到一定水平后，也可获得平台的分成，如图10-19所示。

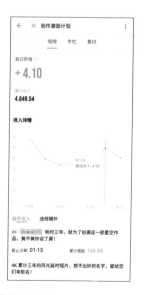

图 10-19　创作激励分成

10.1.7　加入充电计划，获得用户赞赏

西瓜视频的赞赏功能是最直截了当的，用户以支付宝、微信等支付方式，用数字货币赞赏运营者，如图10-20所示。

图 10-20　西瓜视频的赞赏功能

而B站的赞赏功能相对复杂一些，运营者可以在"稿件管理"界面申请加入"充电计划"，审核通过后运营者即可接受B站用户的电池打赏。进入账号的个人主页，即可看到该账号本月有多少用户给他"充电"。比如，打开某位运营者的个人主页，可以看到本月有21人给他"充电"，如图10-21所示。

用户点击该界面的"充电"按钮，会显示"请选择充电电量"弹窗，用户可在此弹窗内自定义"充电电池"数量，如图10-22所示。值得注意的是，人民币1元即可兑换10个B站电池。

图 10-21　个人主页界面

图 10-22　给运营者充电

B站推出"充电计划"的原因主要有4个，具体分析如下。

① "充电计划"的推出不会影响普通用户观看视频和发送弹幕的体验。

②"充电计划"中的电池打赏全凭用户自愿，没有任何强制性。

③"充电计划"旨在鼓励运营者创作原创内容。

④保持运营者的独立性，解决运营者的经济来源。

每个月5号，运营者上个月的电池就会自动转换为贝壳，运营者可以通过对贝壳进行提现，从而实现变现，具体操作如下。

步骤 01 进入"我的"界面，点击"我的钱包"按钮，如图10-23所示。

步骤 02 进入"我的钱包"界面，点击"贝壳"按钮，如图10-24所示。

图 10-23 "我的"界面

图 10-24 "我的钱包"界面

步骤 03 进入"贝壳账户"界面，确认可提现贝壳数量，点击"提现"按钮即可，如图10-25所示。

图 10-25 "贝壳账户"界面

10.1.8　拓宽引流渠道，参与活动变现

西瓜视频和B站官方经常会推出一些活动，运营者参加这些活动，不仅能拓宽中、长视频的引流渠道（拉票等操作可以引流），还能有机会变现（获得官方丰厚的奖品），如图10-26所示。

图 10-26　西瓜视频（左）与 B 站（右）官方推出的活动

10.1.9　知识付费，课程变现

课程变现有3种形式，分别是通过创作中心、自建社群和知识付费平台变现。

（1）通过创作中心变现

运营者可以与西瓜视频、B站等中视频平台合作，发布付费课程。这样，用户可以获得新知识，而运营者可以获得收益，如图10-27所示。

（2）通过自建社群变现

运营者可以通过将粉丝引流到QQ或微信群，然后在社群中适当推出一些付费教程，如图10-28所示。

图 10-27　课程变现

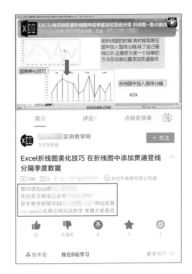

图 10-28 引流至社群变现

（3）通过知识付费平台变现

运营者也可以引导用户前往网易公开课、喜马拉雅FM等知识付费平台购买课程，如图10-29所示。

图 10-29 引导至知识付费平台

10.2 开拓站外渠道，通过其他平台变现

运营者除了可以在西瓜视频和B站等中视频平台内部实现变现，还可以通过

微信公众号、淘宝、官网等外部渠道进行变现。

10.2.1 微信公众号，变现方式繁多

运营者通过微信公众号变现，最成功的莫过于"小片片说大片"这个影视博主，他毕业后通过业余时间剪辑影视片段，解读佳片，"吐槽"烂剧，在B站和微信公众号获得了上百万粉丝，他在西瓜视频粉丝上的粉丝更是超过了400万，如图10-30所示。之后，"小片片说大片"博主辞职，自己成立公司，成了一名专职的影视博主。

图 10-30 "小片片说大片"B 站账号（左）、微信公众号（中）与西瓜视频号（右）

"小片片说大片"通过在多个平台的积累和沉淀，已经建立了一个强大的视频创作团队，有负责剪辑的、有负责文案的、有负责运营的……可以这么说，"小片片说大片"创立公司、建立团队、投资小型网剧，都是他变现的一种手段。

不过，"小片片说大片"最成功的是公众号运营，他在公众号内接入了小鹅通知识付费平台，并在这个平台建立了一个完整的会员付费体系，如图10-31所示。此外，该运营者通过在B站、西瓜视频等中视频平台发布视频，可以为他的公众号吸引到更多的流量。

我们可以看出，他的付费会员一年需要99元，这种变现能力可以说是非常强大的了。赶上逢年过节，"小片片说大片"还会推出优惠活动，吸引更多粉丝购买年费会员或专栏套餐。

图 10-31 "小片片说大片"会员付费

当然，99元对一部分人来说可能太贵，或者说某些会员只喜欢个别专栏，于是"小片片说大片"推出了付费专栏，以解决这部分粉丝的痛点，如图10-32所示。

图 10-32 付费专栏

除了在微信公众号内接入知识付费平台进行变现，还有一些B站UP主通过产品变现。最典型的是B站平台的某运营者，该运营者通过在微信公众号内销售文创产品实现变现，如图10-33所示。

图 10-33　通过销售文创产品来变现

此外，UP主"电影最TOP"则直接开通了名为"发条张的小铺"的微信小程序，他在小程序内上架了与电影相关的周边产品，并将小程序产品的推广链接附在每一期公众号结尾，如图10-34所示。

图 10-34　"电影最 TOP"公众号

10.2.2　引流淘宝店铺，通过外部电商变现

通过淘宝变现的方式有3种，分别是在视频简介、B站视频评论区、B站专栏文章里贴出淘宝店名或产品链接，然后引导用户购买。

（1）视频简介

有些运营者不会在中、长视频平台上直接附上购买链接，而是在视频简介中写上自己的淘宝店名，以这种醒目的方式提示粉丝自发去搜索店铺，如图10-35所示。

图 10-35　B 站视频简介中的淘宝店名

（2）B站视频评论区

在中、长视频平台上，穿搭领域的运营者通常会在评论区贴出视频之中穿搭服饰的淘宝口令，供广大粉丝群体进行购买，如图10-36所示。

图 10-36　评论区贴淘宝链接

（3）B站专栏

此外，还有一些穿搭博主会在专栏文章里讲穿搭风格时，将部分衣服的淘宝链接贴出，用户前往浏览器打开即可查看产品详情，如图10-37所示。

图 10-37　专栏文章里贴淘宝链接

10.2.3　线下变现，接商演活动

虽然中、长视频平台上的运营者明星化还不那么明显，但是对名气很大的运营者来说，接商演活动也算是一种不错的变现技巧，如图10-38所示。

图 10-38　运营者商演现场

10.2.4　依托第三方机构，通过接单平台变现

　　如果运营者账号的粉丝足够多、视频播放量足够高，那么运营者还可以在广告接单平台上接广告。比如，前面笔者提过的运营者"小片片说大片"就在某平台上接广告，如图10-39所示。

排名	账号	综合营销价值	传播指数	互动指数	活跃度指数	成长指数	健康指数	商业适应度指数
1	小片片说大片　简介　VX公众号：小片片说…	99.21	100	92.45	85.07	87.97	55.65	76.08
2	♂　简介　有事私信新浪浪微博…	98.61	100	98.35	67.22	88.49	59.36	64.22
3	♂　简介　商务合作B站或微博…	98.40	100	95.07	76.12	78.52	63.39	69.55
	♂　简介　视频与观众永远第一…	98.31	100	97.83	57.27	85.94	69.32	70.34

图 10-39　某广告接单平台上的运营者排行榜

　　一般来说，接单平台上的广告业务覆盖范围广，热门行业基本会被覆盖，如图10-40所示。

图 10-40　广告业务覆盖范围

　　某接单平台上最成功的案例就是玛丽黛佳国风复刻唇釉的B站短视频营销，许多美妆运营者都通过玛丽黛佳国风复刻唇釉的广告实现了变现，如图10-41与图10-42所示。

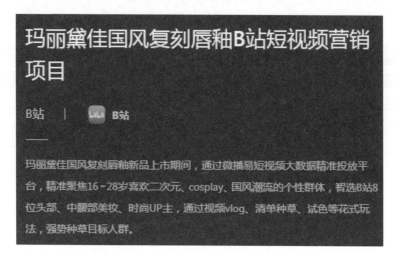

图 10-41　玛丽黛佳国风复刻唇釉案例

图 10-42　某美妆账号运营者的唇釉带货视频